高职高专建筑智能化工程技术专业系列教材

安全防范系统安装与维护

主　编　魏振媚

副主编　梁海珍　叶小丽　黄浩波

参　编　文　娟　芦乙蓬　刘向勇　何立基
　　　　李　威　黄锦旺

机 械 工 业 出 版 社

本书主要讲述安全防范系统各子系统的设备安装与维护，从安装前的准备工作、安装流程、安装工艺及调试运行等方面详细讲解防盗报警系统、闭路电视监控系统、门禁管理系统、可视对讲系统及停车场管理系统的安装方法、步骤以及工艺要求。采用项目式编写方式，每个项目都重点讲解系统功能、系统构成、主要设备作用、技术参数、设备安装及系统故障分析等。

项目安排由浅入深，先学习和我们生活很接近的防盗报警系统和闭路电视监控系统，再深入到难度更大的门禁管理系统、可视对讲系统和停车场管理系统。

本书可供高等职业技术学院建筑智能化工程技术专业、中等职业技术学校和技工学校相关专业学生使用，也可作为相关行业职工培训教材。

为方便教学，本书配有电子课件、习题解答、模拟试卷等，凡选用本书的学校或老师，均可来电索取。咨询电话：010 - 88379375；电子邮箱：cmpgaozhi @ sina. com。

图书在版编目（CIP）数据

安全防范系统安装与维护/魏振媚主编 . —北京：机械工业出版社，2017. 5（2022.7 重印）

高职高专建筑智能化工程技术专业系列教材

ISBN 978-7-111-56861-2

Ⅰ. ①安… Ⅱ. ①魏… Ⅲ. ①智能化建筑—安全防护—高等职业教育—教材 Ⅳ. ①TU89

中国版本图书馆 CIP 数据核字（2017）第 110102 号

机械工业出版社（北京市百万庄大街22 号　邮政编码100037）

策划编辑：王宗锋　责任编辑：王宗锋　高亚云

责任校对：佟瑞鑫　封面设计：路恩中

责任印制：单爱军

北京虎彩文化传播有限公司印刷

2022 年 7 月第 1 版第 4 次印刷

184mm×260mm · 11.5 印张 · 279 千字

标准书号：ISBN 978-7-111-56861-2

定价：36.00 元

电话服务　　　　　　　网络服务

客服电话：010-88361066　　机　工　官　网：www.cmpbook.com

　　　　　010-88379833　　机　工　官　博：weibo.com/cmp1952

　　　　　010-68326294　　金　书　网：www.golden-book.com

封底无防伪标均为盗版　　机工教育服务网：www.cmpedu.com

P 前 言

PREFACE

工学结合一体化课程体系改革是国家职业教育改革、示范院校建设的重要内容，为了更好地适应一体化教学要求，特编写本书。

本书编写工作主要遵循以下原则：

第一，坚持以能力为本位，重视实践能力的培养，突出职业技术教育特色。根据建筑智能化工程技术专业毕业生所从事职业岗位的实际需要，合理确定学生应具备的能力结构与知识结构，对教材内容的深度、难度做了较大程度的调整，理论知识以"够用"为原则。同时，进一步加强实践性教学内容，以满足企业对技能型人才的需求。

第二，本书的编写采用了工学结合、理论实践一体化的模式，采用项目化编写方式，使书中内容更加符合学生的认知规律，易于激发学生的学习兴趣。

第三，尽可能多地在书中体现新知识、新技术、新设备和新材料等方面的内容，力求使本书具有较鲜明的时代特征。同时，在本书编写过程中，严格贯彻了国家有关技术标准的要求，并使书中内容涵盖有关国家职业标准的知识和技能要求。

第四，在本书编写中使用图片、实物照片或表格将各个知识点生动地展示出来，力求给学生营造一个更加直观的认知环境。

本书的编写工作得到了中山市技师学院各级领导的大力支持及楼宇教研室全体教师的全力配合，在此表示诚挚的谢意。

本书由魏振媚任主编，梁海珍、叶小丽、黄浩波为副主编，参加编写的还有文娟、芦乙蓬、刘向勇、何立基、李威和黄锦旺。其中魏振媚编写项目一、项目二；刘向勇、文娟编写项目三；梁海珍、黄锦旺、黄浩波编写项目四；叶小丽、李威、芦乙蓬、何立基编写项目五。

由于编者水平有限，书中缺点和错误在所难免，欢迎广大读者批评指正。

编者

C目 录
ONTENTS

项目一 防盗报警系统的安装与维护

防盗报警系统作为住宅、办公场所等预防抢劫、盗窃等意外事件的重要设施，时刻保护着人们的人身和财产的安全。防盗报警系统主要由三部分组成：防盗报警主机、探测器和传输系统。探测器一旦探测到异常情况，就会通过有线或无线的方式将报警信号传输到防盗报警主机上。

任务一　防盗报警系统的认知

一、教学目标

1）熟悉防盗报警系统的组成及结构。
2）认识防盗报警系统在实际工程中的应用。
3）区分有线防盗报警系统和无线防盗报警系统的实际应用。

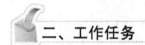
二、工作任务

1）理解防盗报警系统的结构。
2）熟悉探测器的种类。

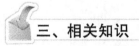
三、相关知识

（一）防盗报警系统的组成
防盗报警系统的主要设备有防盗报警主机（含键盘）、声光报警器和各类探测器（如红外探测器、烟雾探测器、煤气探测器、红外栅栏探测器、红外对射探测器和紧急按钮等）。有线防盗报警系统的组成如图1.1.1所示。

（二）防盗报警系统的功能
1）防盗：若有非法入室盗窃者，立即现场报警，同时向外发送报警信号。
2）求助：可用于家中老人、小孩意外事故和急病呼救报警。
3）防火：通过烟雾探测器及时探测室内烟雾，发出失火警报。
4）防可燃气体中毒：能够探测到煤气、液化石油气、天然气等气体的泄漏。

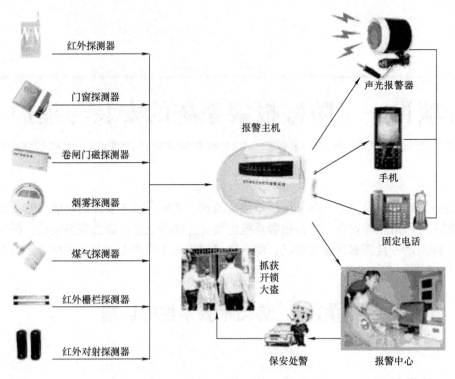

图 1.1.1 有线防盗报警系统的组成

5）全自动报警：一旦发生警情，主机自动循环拨打设置电话，如联网向报警中心报警，或者发出语音报警信号。

6）异地遥控：主人可异地通过手机或固定电话对家中主机进行布防或撤防等操作。

（三）防盗报警主机

防盗报警主机的作用主要包括有线/无线信号的处理、系统本身故障的检测等，其内部包含电源部分、信号输入、信号输出和内置拨号器等。防盗报警主机如图 1.1.2 所示。

图 1.1.2 防盗报警主机

防盗报警主机是防盗报警系统的心脏部分，以福科斯 FC-7448 防盗报警主机为例，它具有如下功能：

1）能够直接或间接接收探测器发出的报警信号，并进行声光报警，同时具有手动复位功能或远程计算机复位控制功能。

2）具有防破坏功能，可识别传输线路发生断路、短路或并接其他负载等情况。

3）具有系统自检功能。

4）在主电源电压变化±15%时仍能正常工作，为与该控制器连接的全部探测器提供直流电源，并能在满负荷条件下连续工作24h。

5）具有良好的稳定性，在正常大气压条件下连续正常工作7天，不出现误报、漏报。

6）在额定电压和额定负载电流下进行警戒、报警、复位，循环6000次不允许出现电气或机械故障，也不应有元器件的损坏和触点的粘连。

工作原理：接收并判断各种探测器传来的报警信号，接收到报警信号后即可以按预先设定的报警方式报警，如起动声光报警器、自动拨叫设定好的多组报警电话，若与小区报警中心联网即可以将信号传送至小区报警中心。防盗报警主机配有遥控器，可以对主机进行远距离控制。

（四）常用的探测器

目前工程上应用的探测器主要有红外对射探测器、红外微波复合型探测器、门磁、窗磁和煤气探测器等，外观如图1.1.3所示。

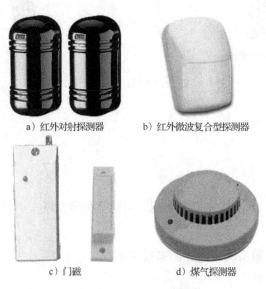

a）红外对射探测器　　b）红外微波复合型探测器

c）门磁　　d）煤气探测器

图1.1.3　常用的探测器

（五）信号传输

探测信号的传输方式主要有有线传输和无线传输两种。

有线传输：对于传输距离比较短且频率不高的开关信号，一般采用双绞线传输；对于传输距离比较长且频率不高的开关信号，一般采用公共电话网传输；对于声音或图像信号，一般采用音频屏蔽线和同轴电缆传输，音频屏蔽线和同轴电缆传输具有传输图像精度高、保密性好、抗干扰能力强等优点；对于长距离传输和要求传输速度比较高的场合，则采用光纤传输。

无线传输：探测器输出的探测信号经过调制，形成一定频率的无线电波向空间发送，由防盗报警主机接收，并将接收信号经解调处理后，发出报警信号和判断报警部位。无线防盗报警系统的组成如图1.1.4所示。

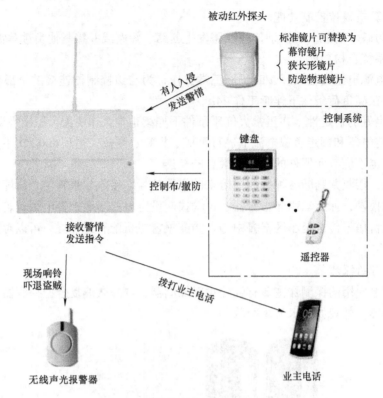

图 1.1.4　无线防盗报警系统的组成

四、任务实施

（一）任务提出

听从指导老师安排，到安防实训室参观学习防盗报警系统实训设备。

（二）任务目标

1）认识有线防盗报警系统和无线防盗报警系统。

2）熟悉防盗报警主机。

3）熟悉各类探测器。

（三）实施步骤

1）观察无线防盗报警系统主要由哪些设备组成。

2）观察有线防盗报警系统主要由哪些设备组成。

3）认识防盗报警主机内部接口。

4）认识各类探测器端子的标识。

（四）任务总结

1）无线防盗报警系统的应用场所。

2）有线防盗报警系统的应用场所。

五、课后思考与练习

1）防盗报警系统的功能有哪些？
2）画出有线防盗报警系统的组成图。
3）列出至少 5 个有线防盗报警系统的应用场所。
4）列出至少 3 个无线防盗报警系统的应用场所。

任务二　探测器的安装

一、教学目标

1）熟悉探测器的内部结构。
2）能独立完成各类探测器的安装。
3）熟悉探测器的安装工艺及要求。

二、工作任务

1）了解各类探测器的端口含义。
2）清点设备的数量，包括各种零配件是否齐全。
3）按行业标准要求安装各种探测器。

三、相关知识

探测器是防盗报警系统中的前端装置，各种探测器是防盗报警系统的触觉部分，相当于人的眼睛、鼻子、耳朵、皮肤等，感知现场的温度、湿度、气味、能量等各种物理量的变化，并将其按照一定的规律转换成适于传输的电信号。

（一）探测器分类

1）按探测器的探测原理或应用的传感器来分。可分为微波探测器、主动红外探测器、被动红外探测器、开关式探测器、超声波探测器、声控探测器及振动探测器等。

2）按探测器的警戒范围来分。可分为：

①点控制型探测器。警戒范围是一个点，如开关式探测器（紧急按钮）。

②线控制型探测器。警戒范围是一条线，如主动红外探测器（红外对射探测器）。

③面控制型探测器。警戒范围是一个平面，如振动探测器。

④空间控制型探测器。警戒范围是一个立体的空间，如被动红外探测器。

3）按探测器的工作方式来分。可分为：

①主动式探测器。主动式探测器在工作期间要向防范区域不断地发出某种形式的能量，如红外对射探测器、光栅等。

②被动式探测器。被动式探测器在工作期间本身不需要向外界发出任何能量，而是直接探测来自被探测目标自身发出的某种能量，如红外微波复合型探测器、振动探测器等。

4）按探测器与报警控制器各防区的连接方式来分。可分为：

①四线制。指探测器上有四个接线端，两个接探测器的报警开关信号输出，两个接供电输入线，如红外探测器、双鉴探测器和玻璃破碎探测器等。

②两线制。指探测器上有两个接线端。分为两种情况。一种情况是探测器本身不需要供电，如紧急报警按钮、磁控开关和振动开关等，只需要与报警控制器的防区连接两根线，送出报警开关信号即可；另一种情况是探测器需要供电，在这种情况下，接入防区的探测器的报警开关信号输出线和供电输入线是共用的，如火灾探测器。

③无线制。探测器、紧急报警装置通过相应的无线设备与防盗报警主机通信。

（二）各类探测器介绍

1. 红外微波复合型探测器

红外微波复合型探测器是采用能量堆积逻辑处理、随机动态时间分割技术的数码微处理控制探测器，是目前商业和住宅区室内使用探测器的理想选择。被动红外部分采用精密柱状菲涅尔透镜技术，使用先进的弧度设计，能有效提高能量接收效率，并将微波与被动红外技术结合，微波防区与红外防区重合，使得探测器灵敏度高但不误报。微波部分能算出移动物体的速度和体积，最终能对是真正的入侵者还是其他可能引起误报的干扰做出准确判断，不会因一只重15kg以下的动物（例如猫、昆虫、老鼠、飞鸟等）经过警戒区域而引发误报。红外微波复合型探测器的结构图如图1.2.1所示。

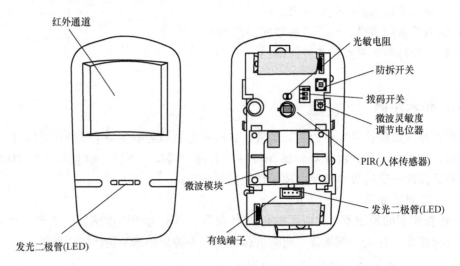

图1.2.1　红外微波复合型探测器的结构图

红外微波复合型探测器适用于多种场合，克服了其他普通室内探测器无法判断干扰的缺点，做到了杜绝误报、漏报，性能远远超出普通室内探测器。其优点还有省电，使用功率低，使用时间长，安静环境下使用时间最长可达3年。主要技术指标如下：

①探测距离：10m。

②发射距离：20～30m。

③输入电源电压：DC12V。

④电池电压：DC6V。

⑤消耗电流：20μA（静态）；

10mA（报警）。

⑥探测区域：12m×3m（典型）（见图1.2.2、图1.2.3）。

⑦开启指示灯：指示灯闪烁30s左右。

⑧发射频率：433MHz。

⑨报警时线路开启时间：4~5s。

⑩报警指示：指示灯亮4~5s。

⑪有线报警输出：固态继电器，常闭（当外部供电断开时，有线报警端子呈现报警状态）。

⑫无线报警输出：无线电报警信号。

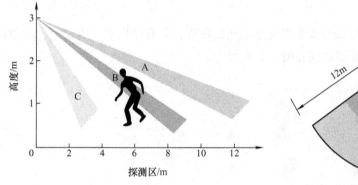

图1.2.2 探测区域（侧视图）

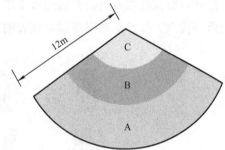

图1.2.3 探测区域（俯视图）

2. 门磁

门磁具有开启/关闭即时探测的作用。如果选用的是无线门磁，在距主机50m的范围内有极高的灵敏度。门磁一般属于分离触发型，当磁块与无线发射器的位置移位超过2.5cm时，无线发射器即刻发出报警信号给防盗报警主机，以防止企图从门窗等处潜入的侵入者。外观如图1.2.4所示。

门磁主要技术指标如下：

①发射频率：433MHz。

②工作电压：4.5V。

③消耗电流：静态≤5μA，发射电流≤15mA。

④报警输出：警情报告，防拆报告。

⑤环境温度：-10~50℃。

图1.2.4 门磁外观

3. 烟雾探测器

新型烟雾探测器新增了可开/关LED指示灯的功能，并带测试按钮，内置蜂鸣器（见图1.2.5）。烟雾探测器能够准确地检测烟雾，当烟雾浓度超过限量时，烟雾探测器会鸣响，并向主机发送报警信号。

1）性能。

①接线方式：总线方式，无极性之分。

②采用电子编码方式编码，占用一个节点地址（0~255号）。

③红绿双色状态显示，绿色为日常巡检指示灯，红色为火警指示灯。

④内置单片机，工作可靠，误报率低。

⑤抗潮湿、抗干扰能力强。

⑥可随时调整探测器的报警灵敏度。

2）主要技术指标。

①工作电压：DC 6～24V。

②静态电流：20～40μA。

③报警电流：20mA。

④环境温度：-10～50℃。

⑤相对湿度：≤95% RH（40℃±2℃）。

图1.2.5　蜂鸣器

4. 红外对射探测器

红外对射探测器发射极光源通常采用红外发光二极管，具有体积小、质量轻、寿命长及功耗低等特点。红外对射探测器原理如图1.2.6所示。

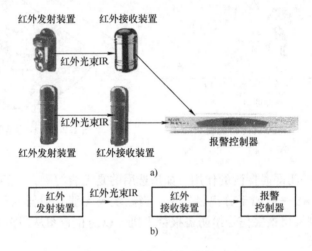

图1.2.6　红外对射探测器原理

红外对射探测器采用光束遮断方式，当有人横跨过监控防区时，会遮断不可见的红外线光束而引发警报，常用于室外围墙报警。它总是成对使用：一个发射，一个接收。发射装置发出一束或多束人眼无法看到的红外光，形成警戒线，有物体通过时，光线被遮挡，接收装置信号发生变化，放大处理后报警。红外对射探头要选择合适的响应时间：太短容易引起不必要的干扰，如小鸟飞过、小动物穿过等；太长会发生漏报。通常以10m/s的速度来确定最短遮断时间。若人的宽度为20cm，则最短遮断时间为20ms。遮断时间大于20ms则报警，小于20ms则不报警。

红外对射探测器主要应用于距离比较远的围墙、楼体等建筑物，与红外对射栅栏探测器相比，其防雨、防尘及抗干扰等能力更强，在家庭防盗系统中主要应用于别墅和独院。

常见的红外对射探测器有两光束、三光束和四光束，探测距离从30m到300m不等。在选择探测器时，最好选择大于实际探测距离的产品。

四、任务实施

（一）任务目标

1）会安装红外微波复合型探测器。

2）会安装门磁。

3）会安装烟雾探测器。

4）会安装红外对射探测器。

（二）安装主、配件准备

主、配件见表1.2.1。

表1.2.1　主、配件

名　称	数　量	单　位	备　注
红外微波复合型探测器	1	个	
门磁	1	个	
烟雾探测器	1	个	
红外对射探测器	1	对	
墙面安装旋转支架	1	个	上下左右可调
螺钉与膨胀螺钉	12	个	
墙角适配器	1	个	
不锈钢支架	2	个	

（三）工具准备

使用的工具见表1.2.2。

表1.2.2　使用的工具

序　号	名　称	数　量	用　途
1	万用表	1台	施工布线测试
2	小一字螺钉旋具	1个	安装及接线用
3	小十字螺钉旋具	1个	安装及接线用
4	长柄十字螺钉旋具	1个	安装及接线用
5	剪刀	1把	布线用
6	梯子	1把	敷设管槽、布线用
7	电工胶布	1卷	布线用
8	电钻	1把	施工、布线、布管槽用

（四）安装要求及注意事项

1）墙面或墙角安装，高度距地面1.8～2.4m（允许单面墙角安装或与墙面成45°）。

2）不要对着冷热源（见图1.2.7）。

3）尽可能避免太阳光直射（见图1.2.8）。

 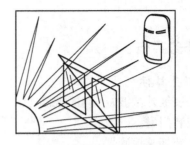

图 1.2.7　不要对着冷热源　　　　　图 1.2.8　避免太阳光直射

4）探测器的布线不能跟高压线在一起（见图 1.2.9）。

5）不要安装在基础不牢固的地方（见图 1.2.10）。

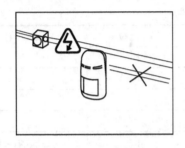 

图 1.2.9　探测器的布线不能跟高压线一起　　图 1.2.10　不要安装在基础不牢固的地方

6）不要对着金属墙方向安装（见图 1.2.11）。

7）门磁不要在有磁性的物体附近安装（见图 1.2.12）。

图 1.2.11　不要对着金属墙方向安装　　图 1.2.12　门磁不要在有磁性的物体附近安装

（五）安装方法及步骤

1. 红外微波复合型探测器的安装

1）根据红外支架位置，用 6mm 钻头在墙壁上打两个孔，放入配套的六角胶塞，然后将红外支架固定于墙壁上，再把红外探头固定在支架上。有指示灯或天线的一端朝上。安装高度应为 1.8~2.4m。

2）旋转支架，左右、上下调节探测区域。

3）打开探测器的上盖，拧开螺钉打开外壳，给探测器通电，探测器自检 2min 后进入正常工作状态。

安装示意图如图 1.2.13 所示。

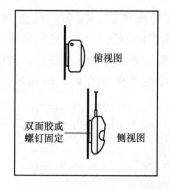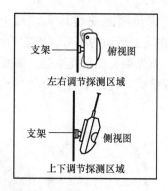

图 1.2.13　红外微波复合型探测器安装示意图

2. 门磁的安装

将无线发射器和磁块分别安装在门框和门上（通常在门的上沿及上框），但要注意无线发射器和磁块相互对准、相互平行，间距不大于15mm。

如果利用配套的双面胶来安装，安装部位要求平整、光滑、无灰尘。如果安装位置比较脏，应用水或酒精将其清理干净，等其表面干爽了之后，再用双面胶将门磁固定上去。如果安装位置是木材制作的，建议用螺钉来固定。若用户的门窗形状特殊，不便于安装门磁，请自行或请懂得五金安装的人员制作安装基架，以满足上述安装要求。安装示意图如图1.2.14所示。

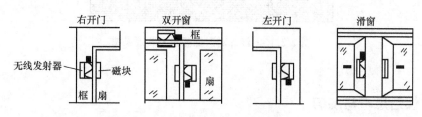

图 1.2.14　门磁安装示意图

安装好后，应进行开关门测试，每次开关门发射灯都应亮起。当无线发射器的欠电压指示灯亮或发射距离明显降低时，就应更换电池，电池型号：12V　23A标准高能电池。

3. 烟雾探测器的安装

1）选择一个合适的安装区域。

2）依据安装基座的定位孔在天花板或墙上做好标识。

3）在标记处钻孔。

4）在孔中塞入膨胀螺钉。

5）用螺钉将基座固定好。

6）把电池按正确极性装入电池槽内。

7）盖上面板，逆时针转动到底。

8）轻轻按下测试按钮检查探测器工作是否正常。

安装示意图如图1.2.15所示。

4. 主动红外探测器（即红外对射探测器）的安装

装在围墙上的红外对射探测器，一般采用不锈钢支架安装，其主要功能是防止人为的恶意翻越。顶上安装和侧面安装均可。顶上安装的探测器，探头的位置应高出围墙顶部25mm，以减少在墙上活动的小鸟、小猫等引起误报的情况发生。四光束探测器的防误报能力比双光束强，双光束又比单光束强。侧面安装则是将探头安装在栅栏、围墙靠近顶部的侧面，一般是作墙壁式安装，安装于外侧的居多。安装效果如图1.2.16所示。

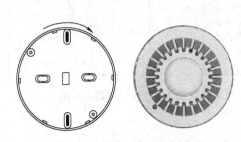

A. 按住外壳顺时针旋转底座即可打开探测器

B. 标示钻孔点并在墙上钻孔

C. 插入两枚膨胀螺钉并用两个螺钉将基座固定在墙上

图 1.2.15　烟雾探测器安装示意图

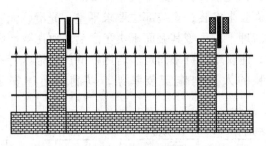

图 1.2.16　红外对射探测器安装效果图

五、课后思考与练习

1）为什么门磁不能在有磁性的物体附近安装？
2）红外探测器的安装原则是什么？
3）在安装探测器的过程中，哪些工具是必须用到的？

任务三　防盗报警主机的安装

一、教学目标

1）能独立完成防盗报警主机的安装。
2）熟悉防盗报警主机的安装工艺及要求。

二、工作任务

1）清点设备的数量，包括各种零配件是否齐全。

2）按行业标准要求安装防盗报警主机。

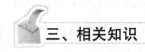

三、相关知识

（一）防盗报警主机功能简介

以福科斯 FC-7448 为例，介绍防盗报警主机的功能及使用方法。防盗报警主机如图 1.3.1 所示。

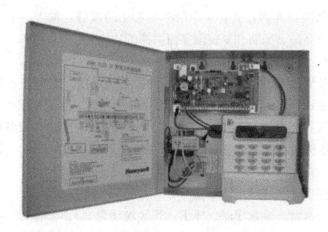

图 1.3.1　福科斯 FC-7448 防盗报警主机

1）8 个分区：FC-7448 系列可以分成 8 个完全独立的分区，每个分区可有自己独立的键盘和报告 ID。一些键盘可以被指定成系统主键盘，对所有的分区进行控制、编程和布撤防。

2）防区：FC-7448 最多可以支持 248 个防区，其中 8 个是自带防区，240 个是可编地址码防区。

3）事件记录：系统最多可记录 400 个历史事件，可在键盘上显示，按时间和日期来保存这些事件，如系统的布/撤防、报警、系统故障等。其中有 120 个事件可以被固定记忆。

4）键盘编程：此系统可完全由键盘进行编程，无须昂贵的手提编程器。

5）自动布防/延时布防：每个分区每天的自动布防时间可编程。超级用户可以用延时布防来取代系统的自动布防时间，或者给主机指定特定的时间布防。

6）公共分区：公共分区指可以编程为跟随一些或所有其他分区的布防状态的分区。只有当与公共分区相关联的所有分区都布防后，公共分区才会布防。这样使得系统在保护好公共区域（如大厅、入口等）的同时，还可以保持分区的独立性。

7）烟雾探测器校验报警：FC-7448 系列可以编程为当烟雾探测器第一次探测到有报警信号时，系统自动地将此探测器复位，如果在确认时间内再次探测到有报警信号，主机立即将事件确认为火灾报警。这样既能减少潜在的误报，又能对报警做出快速反应。

8）强制布防：系统可以根据一些可编程的布防设置，在自动旁路一组防区后布防。

9）3 个电话号码：系统支持两个 20 位的电话号码，每个分区或防区对这两个号码都可以有一个 3 位数或者 4 位数的报告 ID。对这两个电话号码都可以相应地设置通信格式和选择脉冲拨号或音频拨号。第 3 个电话号码用于远程遥控编程。

10）防接管保护：系统可锁定全部或部分编程，即使有人想要接管超级用户信息，编程也不会更改。在地址码可编程的装置中，有带密码的防接管回路，可防止更换控制指令。

11）简易的超级用户界面：拥有 8 个已标明功能的按键。输入一个超级用户码，再按一个功能键即可实现布防、撤防和复位烟雾探测器等功能。

（二）主板接线

FC-7448 防盗报警主机是一个大型的防火/防盗报警系统。它可与各种防盗探测器及防火探测器相连接。主机板自带 8 个防区，可扩充 240 个防区。扩充采用两线总线方式。扩充设备的类型有 8 防区扩充模块 FC-7408、单防区扩充模块 FC-7401 以及各种带地址码的红外探测器、门磁和烟雾探测器等。总线驱动器可采用 FC-7430B（单总线）或 FC-7432B（双总线）。主板接线说明如图 1.3.2 所示。

防区输入端与探测器的连接方法如图 1.3.3 所示。

普通的探测器具有常开或常闭触点输出，其接线端为 C、NO 或 C、NC（一般防火探测器采用 C、NO），在下一任务中将详细介绍。图 1.3.3 以 FC-7448 自带防区为例，给出了触发方式为开路报警或短路报警的两种连接方法。线尾电阻在购买主机时都作为附件配套提供。各种防盗报警主机的线尾电阻都不一样。如 FC-7448 自带防区的线尾电阻是 $2.2k\Omega$，而扩充防区的线尾电阻为 $47k\Omega$。在使用时，不能混淆。

（三）基本配置

防盗报警主机基本配置示意图如图 1.3.4 所示。

总线说明：

总线必须采用优质的 RVV 线，总线的粗细决定信号的传输距离和质量，一般主干线采用 RVV2×1.5mm 线缆；建议总线和其他线路分管走线，尤其是可视对讲系统的非屏蔽非双绞的音频线路，以免引起干扰；总线走弱电桥架需要按弱电标准和其他线路保持距离；总线最长距离控制在 1.6km 之内；总线超出 1.6km 时，可用 FC-7425 总线分离器延长总线距离，最多可延长 1.5km（RVV2×10.5mm），必须注意一个系统要用一个以上的 FC-7425，总线距离能达到多少要以现场的环境及线材来决定；楼内的电源线路一般采用 RVV2×0.5mm 以上的规格，这要依据实际线路损耗配置。

（四）8 防区扩充模块

以 FC-7408 为例，FC-7408 是一种 8 防区扩充模块，与 FC-7448 的总线距离可达 1.6km。FC-7448 可带 30 块 FC-7408。FC-7408 需要 DC 12V 电源，可由 FC-7448 主机供电，也可单独供电，静态时耗电 10mA。

1）接口定义如图 1.3.5 所示。

2）连接方法如图 1.3.6 所示。

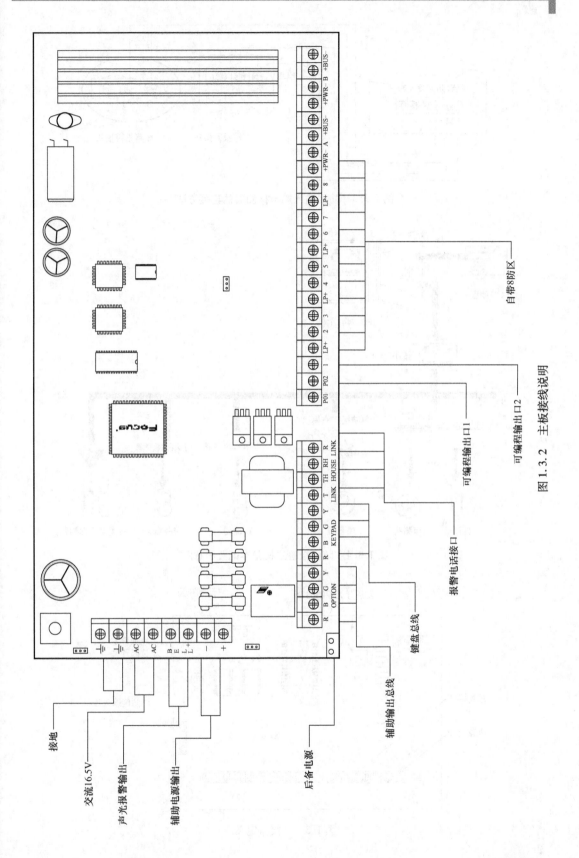

图 1.3.2 主板接线说明

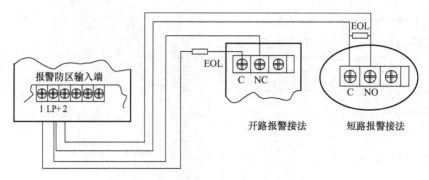

图 1.3.3 防区输入端与探测器的连接方法

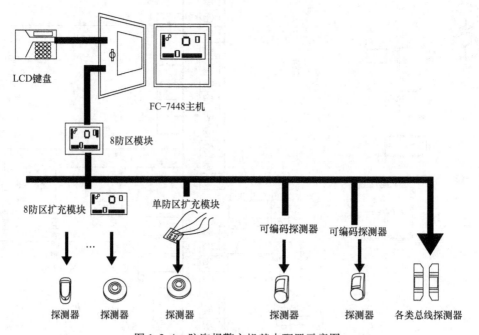

图 1.3.4 防盗报警主机基本配置示意图

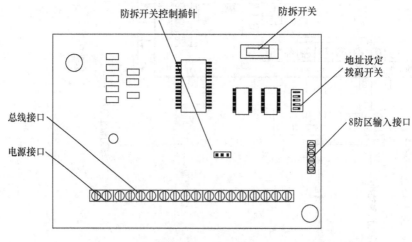

图 1.3.5 接口定义

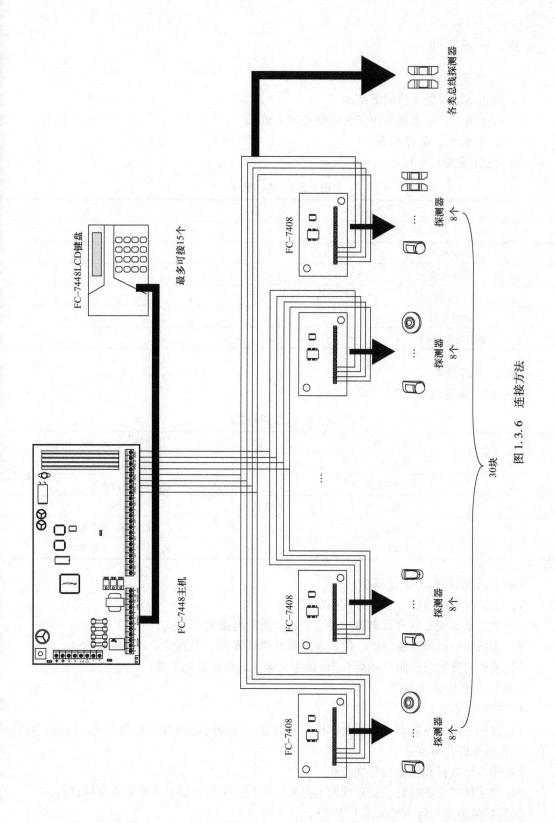

图1.3.6 连接方法

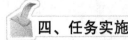

四、任务实施

（一）任务目标

1）熟悉防盗报警主机内部结构。

2）会根据工艺标准和要求安装防盗报警主机。

（二）安装主、配件准备

主、配件见表1.3.1。

表1.3.1　主、配件

名　称	数　量	单　位
主机	1	个
键盘	1	个
后备电源	1	个
遥控器	1	个
线尾电阻	8	个
螺钉与膨胀螺钉	若干	个

（三）工具准备

使用的工具见表1.3.2。

表1.3.2　使用的工具

序　号	名　称	数　量	用　途
1	万用表	1台	施工布线测试
2	长柄十字螺钉旋具	1个	安装及接线用
3	剪刀	1把	布线用
4	梯子	1把	敷设管槽、布线用
5	电钻	1把	施工、布线、布管槽用

（四）安装要求及注意事项

1）安装位置要合适，避免有人经常打开。

2）主机不要安装在高频电器的旁边，以免受到电磁波的干扰。

3）主机安装的位置要空旷，使其能更顺畅地接收各个探测器发来的报警信号。

4）主机的安装应该距离地面0.5m以上，避免地面屏蔽的干扰。

（五）安装方法及步骤

1. 主机的安装

1）按照主机箱安装图，在墙上标出打孔位置，并用防盗报警主机箱对比，保证打孔位置与主机箱螺钉孔对准。

2）用电钻在打孔位置处分别打孔。

3）将主机箱上的螺钉孔位对准墙上打好的孔位，用螺钉旋具或电钻将螺钉拧紧。

安装好的防盗报警主机如图1.3.7所示。

图1.3.7　安装好的防盗报警主机

2. 后备电源的安装

后备电源接到防盗报警主机接线板的对应端口上，如图1.3.8所示。

3. 键盘的安装

1）在距离地面约1.3m的地方，在墙上标出打孔位置，并用防盗报警主机箱对比，保证打孔位置与键盘螺钉孔对准。

2）用电钻在打孔位置处分别打孔。

3）将键盘底板固定在墙上，再将键盘的主体嵌入到底板上。安装好的键盘如图1.3.9所示。

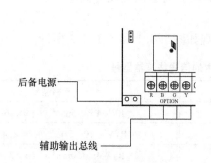

图1.3.8　后备电源接主机的连接端口

图1.3.9　安装好的键盘

五、课后思考与练习

1）扩充模块的作用是什么？

2）防盗报警主机主板接线端子有哪些？分别接什么设备？

3）安装防盗报警主机有哪些注意事项？

任务四 防盗报警系统的连接

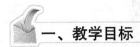

一、教学目标

1）能独立完成防盗报警主机和探测器的连接。
2）熟悉防盗报警主机和探测器的各个接口含义。
3）熟悉防盗报警主机与探测器的连接工艺及要求。

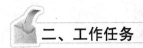

二、工作任务

1）熟悉防盗报警主机和探测器的各个接口含义。
2）熟悉传输线缆的选择。
3）按行业标准要求对防盗报警主机与探测器、键盘和声光报警器进行连接。

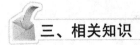

三、相关知识

（一）传输系统的作用

传输系统的作用是将探测器所感应到的入侵信息传送到报警中心。选择传输方式时，应考虑以下三点：

1）必须能快速准确地传输探测信号。
2）根据警戒区域的分布、传输距离、环境条件、系统性能要求及信息容量来选择。
3）应优先选择有线传输。当布线有困难时，可选用无线传输。

（二）传输线缆的规格型号

常用的信号线规格型号见表 1.4.1，外观如图 1.4.1 和图 1.4.2 所示。

表 1.4.1 常用的信号线规格型号

规格型号		规格型号	
RVV $2 \times 0.5 mm^2$	$(2 \times 16/0.2)$	RVV $4 \times 0.5 mm^2$	$(4 \times 16/0.2)$
RVV $2 \times 0.75 mm^2$	$(2 \times 24/0.2)$	RVV $4 \times 0.75 mm^2$	$(4 \times 24/0.2)$
RVV $2 \times 1.0 mm^2$	$(2 \times 32/0.2)$	RVV $4 \times 1.0 mm^2$	$(4 \times 32/0.2)$
RVV $2 \times 1.5 mm^2$	$(2 \times 48/0.2)$	RVV $4 \times 1.5 mm^2$	$(4 \times 48/0.2)$
RVV $2 \times 2.5 mm^2$	$(2 \times 49/0.25)$	RVV $4 \times 2.5 mm^2$	$(4 \times 49/0.25)$
RVV $5 \times 0.5 mm^2$	$(5 \times 16/0.2)$	RVV $6 \times 0.5 mm^2$	$(6 \times 16/0.2)$
RVV $5 \times 0.75 mm^2$	$(5 \times 24/0.2)$	RVV $6 \times 0.75 mm^2$	$(6 \times 24/0.2)$
RVV $5 \times 1.0 mm^2$	$(5 \times 32/0.2)$	RVV $6 \times 1.0 mm^2$	$(6 \times 32/0.2)$
RVV $5 \times 1.5 mm^2$	$(5 \times 48/0.2)$	RVV $6 \times 1.5 mm^2$	$(6 \times 48/0.2)$
RVV $5 \times 2.5 mm^2$	$(5 \times 49/0.25)$	RVV $6 \times 2.5 mm^2$	$(6 \times 49/0.25)$

（续）

规格型号	规格型号
RVVP 2 × 0. 5mm² 　（2 × 16/0. 2）	RVVP 4 × 0. 5mm² 　（4 × 16/0. 2）
RVVP 2 × 0. 75mm² 　（2 × 24/0. 2）	RVVP 4 × 0. 75mm² 　（4 × 24/0. 2）
RVVP 2 × 1. 0mm² 　（2 × 32/0. 2）	RVVP 4 × 1. 0mm² 　（4 × 32/0. 2）
RVVP 2 × 1. 5mm² 　（2 × 48/0. 2）	RVVP 4 × 1. 5mm² 　（4 × 48/0. 2）
RVVP 2 × 2. 5mm² 　（2 × 49/0. 25）	RVVP 4 × 2. 5mm² 　（4 × 49/0. 25）

图 1.4.1　4 芯信号线　　　　　　图 1.4.2　5 芯信号线

说明：

① RVV 全称为铜芯聚氯乙烯绝缘聚氯乙烯护套软线，又称为轻型聚氯乙烯护套软线，俗称软护套线，是护套线的一种（R：软线/软结构；V：聚氯乙烯绝缘；V：聚氯乙烯护套）。

② RVVP 全称为铜芯聚氯乙烯绝缘屏蔽聚氯乙烯护套软电缆，又称为电气连接抗干扰软电缆。

（三）传输线缆的选择

1）前端探测器与防盗报警主机之间距离较近时（如住户报警系统），一般采用 2 芯安装线 RVV 2 × 0. 5mm²（信号线）以及 RVV 4 × 0. 5mm²（2 芯信号线 + 2 芯电源线）进行连接。

2）前端探测器与防盗报警主机之间距离较远时（如周界红外报警系统），线缆应采用 RVV 2 × 1. 5mm² 或 RVVP 2 × 1. 5mm²，采用屏蔽或非屏蔽线缆要视线路的外界干扰情况而定。

3）防盗报警主机与终端监控中心之间一般采用 2 芯信号线缆，选用屏蔽电线、双绞线还是普通护套线，要根据各品牌设备的具体要求来确定。

4）线缆截面积大小应根据防盗报警主机与监控中心的距离来定。要确保报警设备与监控中心的距离符合各种品牌设备规定的距离；当报警区较大时，可以将报警区分为若干分区，并确定每个分区分控中心的位置，从而确保分区符合总线配置要求。然后确定总监控中心位置，确定分区到总监控中心的通信方式是采用 RS-232 至 RS-485 转换传输或者采用 RS-232 TCP/IP 传输，其中 RS-232 TCP/IP 传输又可选择是利用小区的综合布线系统传输还是分区的管理软件通过 TCP/IP 网络转发给总监控中心。

5）不同种类的报警（如周界报警、公共区域报警和住户报警），其总线不宜采用同一路总线传输，分线盒安装位置要易于操作，并采用优质的分线接口处理总线与总线的连接，以方便维护及调试。

（四）实训设备端口含义

1）防盗报警主机主要端口含义如图 1.4.3 所示。

2）探测器端口含义。

①门磁：接线属于两线制，2 个端口是探测器的报警信号输出，直接接防盗报警主机的防区接线端，不需要供电，如图 1.4.4 所示。

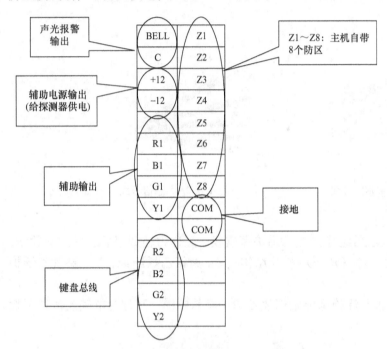
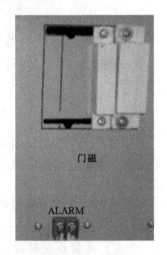

图 1.4.3　防盗报警主机主要端口含义　　　　图 1.4.4　门磁

②紧急按钮：接线属于两线制，直接接防盗报警主机的防区接线端，不需要供电，端口有 NC（常闭）或 NO（常开）和 COM（公共端）。**注意**：常开和常闭只能选其中一个。

③幕帘或红外探测器：接线属于四线制，2 个是探测器的报警输出，另外 2 个是探测器的供电输入。端口有 NC（常闭）或 NO（常开）、COM（公共端）、+/－（+12V/－12V 电源输入）、TAMPER +/TAMPER－（防拆，实训中可以不接），如图 1.4.5 所示。

图 1.4.5　幕帘或红外探测器

④振动探测器：接线属于两线制，2 个端子是探测器的报警信号输出，直接接防盗报警主机的防区接线端，不需要供电，如图 1.4.6 所示。

⑤红外对射探测器：接线属于四线制，2 个是探测器的报警输出，另外 2 个是探测器的供电输入。其中：

发射端：TEMPER（防拆）、+/-（+12V/-12V 电源输入）、FREE（闲置）。

接收端：TEMPER（防拆）、NC（常闭）或 NO（常开）、C（公共端）、+/-（+12V/-12V 电源输入）。

其中，TEMPER（防拆）、FREE（闲置）在实训过程中一般不接线。

⑥烟雾探测器：接线属于四线制，2 个是探测器的报警输出，另外 2 个是探测器的供电输入。端口有 NC（常闭）或 NO（常开）、C（公共端）、+/-（+12V/-12V 电源输入）。

图 1.4.6　振动探测器

四、任务实施

（一）任务目标

1）对防盗报警主机与探测器进行连接。

2）对防盗报警主机与键盘进行连接。

3）对防盗报警主机与声光报警器进行连接。

（二）安装主、配件准备

设备主、配件见表 1.4.2。

表 1.4.2　设备主、配件

名　称	数　量	单　位
防盗报警主机	1	个
键盘	1	个
声光报警器	1	个
紧急按钮	1	个
红外微波复合型探测器	1	个
烟雾探测器	1	个
红外对射探测器	1	个
振动探测器	1	个
幕帘探测器	1	个
2.2kΩ 的线尾电阻	若干	个
信号线	若干	m
电源线	若干	m

（三）工具准备

使用的工具见表 1.4.3。

表 1.4.3 使用的工具

序 号	名 称	数 量	用 途
1	万用表	1台	施工布线测试
2	小一字螺钉旋具	1个	安装及接线用
3	小十字螺钉旋具	1个	安装及接线用
4	长柄螺钉旋具	1个	安装及接线用
5	剪刀	1把	布线用
6	电钻	1把	施工、布线、敷设管用
7	电工胶布	1卷	施工、布线用
8	人字梯	1把	施工、布线、敷设管用

（四）施工要求及注意事项

1）设备与设备之间的连接不要短路，以免烧坏设备。

2）端子的连接要正确，否则实现不了相应的功能。

3）每个防区都要串接或并接一个线尾电阻。

（五）安装方法及步骤

1. 探测器与防盗报警主机的连接

探测器与防盗报警主机有两种连接方法：常开和常闭。通常采用的是常闭接法，常闭接法要在每个防区串接一个 2.2kΩ 的线尾电阻，如图 1.4.7 所示。

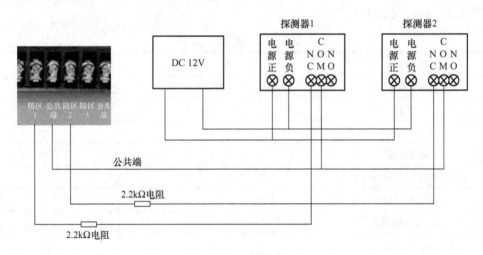

图 1.4.7 常闭接法

常开接法要在每个防区并接一个 2.2kΩ 的线尾电阻，如图 1.4.8 所示。

各个探测器和防盗报警主机的连接（以常闭接法为例）步骤如下：

1）振动探测器：将"ALARM +"端口串接一个 2.2kΩ 的电阻后连接到防盗报警主机的 Z1 端口，"ALARM −"端口直接连到防盗报警主机的任意一个 COM 端口。

2）门磁：将"ALARM +"端口串接一个 2.2kΩ 的电阻后连接到防盗报警主机的 Z2 端口，"ALARM −"端口直接连到防盗报警主机的任意一个 COM 端口。

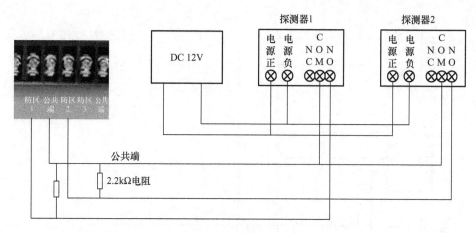

图 1.4.8　常开接法

3）幕帘探测器：将"ALARM＋"端口串接一个 2.2kΩ 的电阻后连接到防盗报警主机的 Z3 端口，"ALARM－"端口直接连到防盗报警主机的任意一个 COM 端口；"＋""－"端口分别连到防盗报警主机的"＋12""－12"端口；"TAMPER＋""TAMPER－"两个端口不需要接线。

4）红外微波复合型探测器：将 NC 端口串接一个 2.2kΩ 的电阻后连接到防盗报警主机的 Z4 端口，COM 端口直接连到防盗报警主机的任意一个 COM 端口；"＋""－"端口分别连到防盗报警主机的"＋12""－12"端口；"TAMPER＋""TAMPER－"两个端口不需要接线。

5）天然气探测器：将 NC 端口串接一个 2.2kΩ 的电阻后连接到防盗报警主机的 Z5 端口，COM 端口直接连到防盗报警主机的任意一个 COM 端口；"＋""－"端口分别连到防盗报警主机的"＋12""－12"端口。

6）紧急按钮：将 NC 端口串接一个 2.2kΩ 的电阻后连接到防盗报警主机的 Z6 端口，COM 端口直接连到防盗报警主机的任意一个 COM 端口，NO 端口为空。

7）红外对射探测器：将接收端的 NC 端口串接一个 2.2kΩ 的电阻后连接到防盗报警主机的 Z7 端口，C 端口直接连到防盗报警主机的任意一个 COM 端口；"＋""－"端口分别连到防盗报警主机的"＋12""－12"端口；"TAMPER＋""TAMPER－"两个端口不需要接线；发射端的"＋""－"端口分别连到防盗报警主机的"＋12""－12"端口；"TAMPER＋""TAMPER－""FREE"端口不需要接线。

8）用一个 2.2kΩ 的电阻直接串接到 Z8 端口上。

2. 键盘与防盗报警主机的连接

将键盘上 R、G、B、Y 端口分别对应连接到防盗报警主机的 R2、G2、B2、Y2 端口。

3. 声光报警器与防盗报警主机的连接

将声光报警器上"H＋"和"GND"端口分别连接到防盗报警主机上的"BELL"和"C"端口。

系统接线图如图 1.4.9 所示。

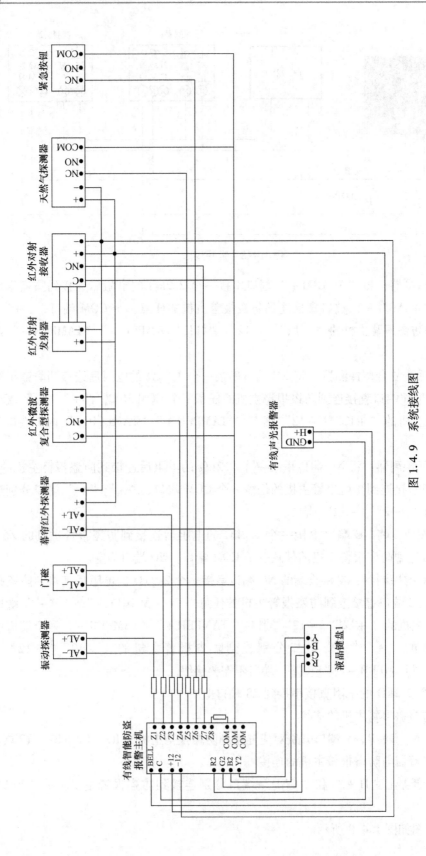

图 1.4.9 系统接线图

五、课后思考与练习

1）常用的信号线有哪些？写出其规格型号。

2）选择信号线要遵循什么原则？

3）写出红外微波复合型探测器各个端子的含义。

4）画出防盗报警系统接线图。

任务五 日常操作与系统设置

一、教学目标

1）能进行基本的日常操作和系统设置。

2）熟悉键盘面板。

3）熟练基本的日常操作和系统设置。

二、工作任务

1）对系统进行相关设置。

2）对系统进行操作。

三、相关知识

本任务内容参考福科斯 FC-7448 安装使用说明书。

（一）键盘面板的认识

以福科斯 FC-7448 为例，键盘面板如图 1.5.1 所示。

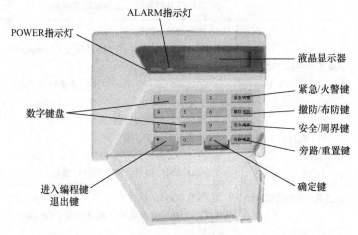

图 1.5.1 键盘面板

（二）键盘指示灯的含义

键盘指示灯的含义见表1.5.1。

表1.5.1　键盘指示灯含义

指示灯	灭	闪	亮
红色布防灯	系统处于撤防状态	退出延时状态或报警	系统布防
绿色状态灯	布防已触发	有防区被旁路	系统已准备好
绿色电源指示灯	交/直流均中断	系统有故障	交流电工作正常

键盘蜂鸣器的音量控制：同时按"1"和"＊"音量增大，同时按按"4"和"＊"音量减小。

 四、任务实施

（一）任务目标

1）会布防、撤防。

2）会设置日期、时间和密码等。

（二）方法及步骤

1. 布防方法

在布防前，系统必须已经设置准备好，键盘上的指示灯"POWER"和"ALARM"必须恒亮。以福科斯FC-7448为例，系统有5种标准的布防方法，请参见表1.5.2。

表1.5.2　布防方法

布防种类	操作指令	出现的现象	处理方法
正常布防（无人在现场，出/入口延时有效）	超级用户密码［1234］＋［布防］	1. 红色布防灯闪亮 2. FC-7216K键盘显示"布防（Armed）" 3. 出口延时期间，FC-7216K显示"现在退出（Exit Now）" 4. 听到单音"嘟，嘟"声 5. 出口延时结束后，红色布防灯恒亮	在出口延时期间，退出现场
周界布防（有人在现场，无入口延时）	超级用户密码［1234］＋［安全］＋［周界］	1. 红色布防灯闪亮 2. FC-7216K键盘显示"周界即时（Perimeter Inst）" 3. 出口延时期间，FC-7216K键盘显示"现在退出（Exit Now）" 4. 绿色状态灯转为恒亮 5. 听到单音"嘟，嘟"声 6. 只是外部的保护防区布防 7. 出口延时结束后，红色布防灯恒亮	在保护防区内部自由移动
周界布防（有人在现场，出/入口延时）	超级用户密码［1234］＋［周界］	1. 红色布防灯闪亮 2. FC-7216K键盘显示"周界开启（Perimeter On）"	在保护防区内部自由移动

（续）

布防种类	操作指令	出现的现象	处理方法
周界布防（有人在现场，出/入口延时）	超级用户密码［1234］ + ［周界］	3. 出口延时期间，FC-7216K 键盘显示"现在退出（Exit Now）" 4. 绿色状态灯转为恒亮 5. 听到单音"嘟，嘟"声 6. 只是外部的保护防区布防 7. 出口延时结束后，红色布防灯恒亮 8. 出口延时结束后，FC-7216K 键盘的黄色周界灯恒亮	在保护防区内部自由移动
特定布防（如果编有程序，程序地址为0183 ）	超级用户密码［1234］ + ［#］ + ［4］	1. 红色布防灯闪亮 2. FC-7216K 键盘显示"部分开启（On Partial）" 3. 出口延时期间，FC-7216K 键盘显示"现在退出（Exit Now）" 4. 绿色状态灯转为恒亮 5. 听到单音"嘟，嘟"声 6. 出口延时结束后，红色布防灯恒亮	在出口延时期间，退出现场
最大安全布防（无人在现场，无入口延时。如果有人进入，则发出警报）	超级用户密码［1234］ + ［安全］ + ［布防］	1. 红色布防灯闪亮 2. FC-7216K 键盘显示"立即布防（Armed Instant）" 3. 出口延时期间，FC-7216K 键盘显示"现在退出（Exit Now）" 4. 听到单音"嘟，嘟"声 5. 出口延时结束后，红色布防灯恒亮	出口延时期间，退出现场 警告：出口延时结束后，干扰防区会引起立即报警

2. 撤防方法

撤防种类和方法参见表1.5.3。

表1.5.3　撤防种类和方法

撤防种类	操作指令	出现的现象
撤防	超级用户密码［1234］+［撤防］	红色布防灯熄灭，预报警发声器关闭
静止报警	超级用户密码［1234］+［撤防］	1. 警报声音停止 2. 火警声停止后，FC-7216K 键盘显示"发声器静音（Sounder Silenced）"直至系统复位

3. 系统设置

1）更改日期。例如：要将主机的日期更改为"2013 年 10 月 17 日"，操作方法见表1.5.4。

表1.5.4　更改日期操作方法

更改日期步骤	操作指令	显示器显示
输入超级用户密码	［1234］+［#］+［0］	0、1、2、3、4、5、6、7、8 各项设置选择

（续）

更改日期步骤	操作指令	显示器显示
选择日期设置	[2]	Enter Month（01～12）
输入月份“10”	[10]	Enter Day（01～31）
输入日期“17”	[17]	Enter Year（××），并按“#”确认
输入年份“13”	[13]＋[#]	发出长音，更改完成

2）更改时间。例如：要将主机的时间更改为“星期3下午4点23分”，操作方法见表1.5.5。

表1.5.5　更改时间操作方法

更改时间的步骤	操作指令	显示器显示
输入超级用户密码	[1234]＋[#]＋[0]	0、1、2、3、4、5、6、7、8各项设置选择
选择时间设置	[6]	Enter Day（1～7）
输入星期“4”	[4]	Enter Time（0100…1259）
输入时间“04”“23”	[04][23]	Enter AM/PM（4/6），并按“#”确认
选择“上午/下午”，输入“6”	[6]＋[#]	发出长音，更改完成

注意：

①主机中“星期×”的选择1～7从“星期日”开始，即选择“1”为“星期日”，选择“2”为“星期一”，依此类推。

②“Enter Time（0100～1259）”中“01”“12”表示“时”，“00”“59”表示“分”。

3）自动布防设置。编程自动布防时间，操作见表1.5.6。

表1.5.6　自动布防时间设置方法

更改截止日期的步骤	操作指令	显示器显示
输入超级用户密码	[1234]＋[#]＋[0]	0、1、2、3、4、5、6、7、8各项设置选择
选择自动布防设置 输入数字“1”	[1]	Sunday——00：00
输入分区号码，按[#]退出	[×]＋[#]	如果进行编程的主键盘不是单分区格式，使用者需尽快进入所需编程的分区。使用者只可编程分属它们的分区。如果主键盘是单分区格式，可省去此步骤
输入每天的自动布防时间	[00]：[00]＋[#]	显示会从星期日开始，它会显示“小时：分钟”，用24h格式输入时间后，按[#]，进入后一天的设置。如果有错，按两次[＊]回到上次输入状态。 例如： 中午12点＝1200#　　午夜12点＝2400# 午夜12：01＝0001#　　下午12：01＝1201# 午夜1：00＝0100#　　下午1：00＝1300# 取消功能＝0000#

4）自动撤防设置。每一分区也可在编程后实现每天自动撤防一次。编程自动撤防时间，操作见表 1.5.7。

表 1.5.7 自动撤防设置方法

更改截止日期的步骤	操作指令	显示器显示
输入超级用户密码	[1234] + [#] + [0]	0、1、2、3、4、5、6、7、8 各项设置选择
选择自动撤防设置 输入数字"4"	[4]	Sunday——00：00
输入分区号码，按 [#] 退出	[×] + [#]	如果进行编程的主键盘不是单分区格式，使用者需尽快进入所需编程的分区。使用者只可编程分属它们的分区。如果主键盘是单分区格式，可省去此步骤
输入每天的自动撤防时间	[00]：[00] + [#]	显示会从星期日开始，它会显示"小时：分钟"，用 24h 格式输入时间后，按 [#]，进入后一天的设置。如果有错，按两次 [*] 回到上次输入状态。例如： 中午 12 点 =1200# 午夜 12 点 =2400# 午夜 12：01 =0001# 下午 12：01 =1201# 午夜 1：00 =0100# 下午 1：00 =1300# 取消功能 =0000#

5）用户密码设置。用户密码：这是在键盘上输入的四位数字代码，是用户进入系统的"身份证"。

系统可设置 200 个用户密码，每个用户密码有四位数字。每个用户号码只能设置对应一个用户密码。如果把同一用户密码设置到多个用户号码中，系统会产生三次误音，从而不能输入密码。

系统默认指定用户号码 001 为超级用户码，它被用来增、减、查阅用户信息或更改其他个人密码。不管对超级用户码怎样编程，它都能进入所有分区。

用户号码 001 的默认密码为"1234"。该用户密码可被改为用户所喜欢的号码，但必须设置成超级用户号码。

警告： 不要使用普通数列编制超级用户密码，如 1234、1111 或 2468 等。这样密码容易被盗用。

下面说明更改用户密码的方法。例如：将"028"设置为第 3 分区无限制用户码，密码设置为"2005"。方法见表 1.5.8。

表 1.5.8 更改用户密码

更改密码的步骤	操作指令	显示器显示
输入超级用户密码	[1234] + [#] + [0]	0、1、2、3、4、5、6、7、8 各项设置选择
选择用户号码设置，输入数字"0"	[0]	Enter User No.（001 ~ 200）
输入用户号码	[028]	Enter Authority Level（0 ~ 6）
输入授权级别1	[1]	Enter Area（s）Or "#" Of All

（续）

更改密码的步骤	操作指令	显示器显示
输入用户可进入的分区或按［#］设置为所有分区，没设置分区时按［#］结束分区设置	［#］	Enter Next Area, End With #
输入用户密码	［2005］	Enter PIN again, End With #
再次输入用户密码，然后按［#］键结束	［2005］	

 五、课后思考与练习

1）如何进行布防/撤防？

2）怎样修改用户密码？写出其操作步骤。

3）写出自动布防/撤防的设置步骤。

4）如果要将主机的日期更改为"2013 年 10 月 1 日"，请写出其操作步骤。

任务六 系统编程

 一、教学目标

1）能根据实际情况对系统进行编程。

2）熟悉防区功能的含义。

3）会进行防区功能的编程。

4）会进行接警电话的编程设置。

 二、工作任务

1）根据要求对各个防区进行编程。

2）对接警电话进行编程设置。

3）功能演示。

 三、相关知识

（一）编程概述

1）进入编程模式。进入编程模式时，在键盘上输入工程密码［9876］，然后输入［#］［0］即可。

2）恢复出厂默认设置。把控制主机的编程数值调回到预设值时，须在编程界面的"地址 ="输入［4058］，即"地址 =4058"，再输入［0］［1］［#］即可。

注意：在程序地址 4058 处输入［0］［1］［#］便可使控制主机立即恢复到工厂预设值，编程人员已经定好的程序也会被清除。

警告：只有当完全肯定需要清除所有编程人员编制的程序时，才能在程序地址 4508 处输入［0］［1］［#］。

3）退出编程模式。要退出编程模式时，按 5s［*］键。如果连续 4min 都没有指令输入，控制主机则自动退出编程模式。

（二）编程常用的操作

1）进入编程：［9876］［#］［0］。

2）恢复出厂默认设置：［4058］［0］［1］［#］。（**注意：**是在编程界面输入，否则会显示"输入错误"。）

3）系统复位：重新输入地址，按 2 次［*］键。

4）延时时间设置：［4028］。（**注意：**是在编程界面输入。）

5）接警电话设置：［3159］。（**注意：**是在编程界面输入。）

6）退出编程：按 5s［*］键。

7）系统测试：［1234］［#］［8］［7］。

8）布防：［1234］［布防］。

9）撤防：［1234］［撤防］。

（三）最常用的防区功能

1）连续报警输出，短路及断路报警，出/入口延时 1。

2）连续报警输出，短路及断路报警，出/入口延时 2。

3）连续报警输出，短路及断路报警，周界即时。

4）连续报警输出，短路及断路报警，内部即时。

5）连续报警输出，短路及断路报警，24h 防区。

出厂预置防区功能见表 1.6.1。

表 1.6.1　出厂预置防区功能

防区功能号	程序地址	出厂数据值	含　义
01	0001	23	连续报警输出，短路及断路报警，出/入口延时 1
02	0002	24	连续报警输出，短路及断路报警，出/入口延时 2
03	0003	21	连续报警输出，短路及断路报警，周界即时
04	0004	25	连续报警输出，短路及断路报警，内部出/入口跟随
05	0005	26	连续报警输出，短路及断路报警，内部留守/外出
06	0006	27	连续报警输出，短路及断路报警，内部即时
07	0007	22	连续报警输出，短路及断路报警，24h 防区
08	0008	7×0	脉冲报警输出，短路报警，断路故障，附校验火警
09～30	0009～0030	21	连续报警输出，短路及断路报警，周界即时

程序地址 0001～0030 每个地址有 2 位数据，如 2 　　 3

数据 1　数据 2

四、任务实施

（一）任务目标

1）对防区功能进行编程。

2）对已编程的防区进行测试。

（二）资料准备

1）系统接线图。

2）防盗报警主机、键盘操作说明书。

（三）编程要求及注意事项

1）编程前必须确保系统接线要正确。

2）所编程防区的功能要合理。

3）编程结束后要进行演示，以确保编程成功。

（四）编程方法及步骤

以图 1.6.1 所示接线图为例，分别用 3 个例子来说明编程的方法和步骤。

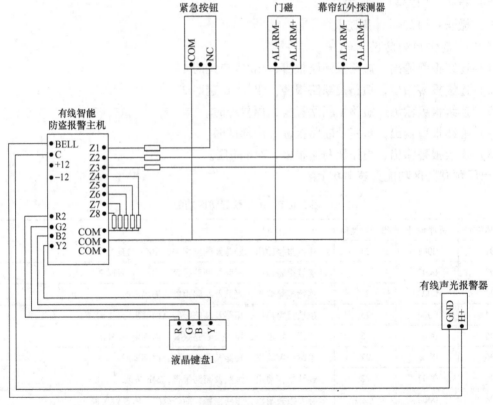

图 1.6.1 接线图

【例 1.6.1】将 1 防区的防区功能设置为：连续报警输出，短路及断路报警，24h 防区。编程如下：

进入编程模式：［9876］［#］［0］

输入程序地址：［0001］

输入防区功能数据值：［22］

确认：［#］

【例1.6.2】将2防区的防区功能设置为：连续报警输出，短路及断路报警，内部即时。编程如下：

进入编程模式：［9876］［#］［0］

输入程序地址：［0002］

输入防区功能数据值：［27］

确认：［#］

【例1.6.3】将3防区的防区功能设置为：连续报警输出，短路及断路报警，出/入口延时，延时时间为5s。编程如下：

进入编程模式：［9876］［#］［0］

输入程序地址：［0003］

输入防区功能数据值：［23］

确认：［#］

再按：［*］［*］（按2次［*］键回到输入程序地址的界面）

输入进入延时地址：［4028］［01］

确认：［#］

按2次［*］：［*］［*］

输入退出延时地址：［4030］［01］

确认：［#］

退出：按5s［*］键

注意：延时时间以5s为单位，如01表示5s、02表示10s，依此类推。

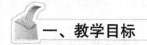

五、课后思考与练习

1）防区功能有哪些？

2）门磁可以设置为什么防区功能？

3）红外探测器可以设置为什么防区功能？可以设置为24h防区功能吗？为什么？

4）假如将3防区设置为24h防区功能，写出其编程步骤。

5）假如将1防区设置为内部即时防区功能，写出其编程步骤。

6）假如将1防区设置为出/入口延时防区功能，延时时间为10s，写出其编程步骤。

任务七　智能型脉冲电子围栏的安装

一、教学目标

1）了解智能型脉冲电子围栏的应用。

2）熟悉系统的构成。

3）会进行系统的编程。

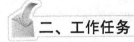

二、工作任务

1）根据要求安装电子围栏主机。

2）熟悉电子围栏主机的接线端口。

3）功能演示。

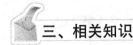

三、相关知识

本任务内容参考深圳兰星科技 LX-2000 系列说明书。

（一）系统简介

电子围栏广泛应用于小区、别墅、变电站、水厂、烟草库房、学校、工厂、政府机关、养殖场及牧场等非强制场所及看守所、监狱、武器库等强制场所。其中智能型脉冲电子围栏的应用如图 1.7.1 所示。

图 1.7.1 智能型脉冲电子围栏的应用

智能型脉冲电子围栏是目前最先进的周界防盗报警系统，系统主要由电子围栏主机、前端探测围栏两大部分组成。通常，前端探测围栏在室外，沿着原有围墙（例如砖墙、水泥墙或铁栅栏）安装，电子围栏主机也通常在室外，通过信号传输设备将报警信号传至后端控制中心。

电子围栏主机产生和接收高压脉冲信号，在前端探测围栏处于触网、短路、断路状态时产生报警信号，并把入侵信号发送到安全报警中心；前端探测围栏是由杆及金属导线等构件组成的有形周界。通过控制键盘或控制软件，可实现多级联网。电子围栏是一种主动入侵防越围栏，对入侵企图做出反击，击退入侵者，延迟入侵时间，不威胁人的生命，并把入侵信号发送到安全部门监控设备上，以保证管理人员能及时了解报警区域的情况，快速地做出处理。

电子围栏的阻挡作用首先体现在威慑功能上，金属线上悬挂警示牌，使企图入侵者一看到便产生心理压力，且触碰围栏时会有触电的感觉，足以令入侵者望而却步；其次，电子围栏本身又是有形的屏障，安装在适当的高度和角度处，很难攀越；最后，如果强行突破，主机会发出报警信号。

电子围栏的发展源于欧美，现代的电子围栏起源于澳大利亚，电子围栏分为安防电子围栏、畜牧业电子围栏和动物园专用电子围栏，在我国获得了广泛应用，已经成功应用于奥运会、世博会、国家电网等众多场合，成为周界报警领域的重要产品。

（二）系统功能和特点

1. 系统功能

1）具有完整的、有明确分界的电子围栏，具有强大的阻挡作用和威慑作用。

2）具有误报率极低的智能报警功能，当某一防区前端发生报警时，可通过智能化多防区主机或计算机在显示窗迅速显示该防区断网、短路、防拆等报警信息，反映前端状态。

3）备有 DC 12V 报警接口，可输出开关量信号，能与其他的安防系统联动，提高系统的安全防范等级。

4）电子围栏能够检测各种侵扰的级别，可区分偶然入侵者还是强行闯入者。

偶然入侵者因见到警告或受到电刺激而离开，报警器不发出报警。强行闯入者为获得入侵通道会破坏电子围栏或翻越电子围栏，在这种情况下，系统会发出报警。只有在真正有人入侵或破坏系统的时候，才会报警，不会有误报和漏报情况。

2. 系统特点

1）绝对安全及报警感知。传统的高压脉冲电网警戒系统没有报警感知功能，仅仅以高电压、大电流的方式阻止入侵者，极易造成入侵者伤残甚至死亡等严重后果。智能型脉冲电子围栏系统采用了低能量的脉冲高压（5~10kV）。由于能量极低且作用时间极为短暂，因而对人体不会造成伤害。一旦触及，也会因有触电感而离开。

2）误报率低和适应性强。智能型脉冲电子围栏系统基本不受环境（如树木、小动物、振动等）和气候（如风、雪、雨、雾等）的影响，不受地形高低和曲折程度的限制，误报率极低。

3）阻挡和报警双重功能。智能型脉冲电子围栏系统的新概念是防范为主，把企图入侵者阻挡在防区之外，能够实实在在给入侵者一种威慑感和阻挡作用，使其不敢轻举妄动。一旦有人入侵，触发系统报警。

4）连续工作、布防/撤防等可按需设定。

5）采用 12V/4A·h 蓄电池做备用电源，以备停电时持续工作。

6）可根据用户要求和现场地理环境以及安全等级进行设计和安装，并可和多种现代安防产品（例如电视监控系统、安防报警系统）配套使用，以提高系统的安全防范等级。

7）安全性能符合国际 CE 认证与 GB/T 7946—2015 要求，并通过公安部的型式检验。

（三）电子围栏设计要求

1）根据不同的安全等级，可以配置合适的能满足要求的电子围栏。通常把安全等级分为Ⅰ、Ⅱ、Ⅲ三级。

Ⅰ——一般安全等级，采用 4 线系统，防区分段不超过 500m。

Ⅱ——中等安全等级，采用 8 线系统，防区分段不超过 250m。

Ⅲ——高等安全等级，采用 12 线系统，防区分段不超过 100m。

每个防区必须配置独立的控制器，具有各种独立触发的报警器，可指示报警所在防区。报警输出通常和摄像机、红外对射、射灯、报警器等其他安防系统联动。

在实际使用时，防区的长度应根据周界总长度、地形和客观实际需要设定。

2）安全性。

①不准在电子围栏上接入交流电源。当电子围栏失效或发生故障时，应保证电子围栏不带交流电。

②电子围栏通过整流降压为 DC 12V，然后升压给电容充电，最后电容脉冲放电到升压变压器上，输出的能量受到整流、初次升压、电容放电等多个环节的限制，不会对人体生命构成伤害，绝对安全。

③警示：为避免不必要的伤害，其一，在电子围栏上醒目的位置，至少每隔 10m 悬挂一块专用的"电子围栏，禁止攀爬"警示牌，警告入侵者切勿触及。其二，电子围栏的安装高度应在 1.8m 以上，如果电子围栏的安装高度不够高，应在电子围栏的外侧或两侧安装隔离墙或隔离网，以免人员无意中触及。

④电子围栏不能与其他电力线路或电信线路一同敷设。

⑤电子围栏应与架空电力线保持足够的安全距离，其最小距离见表 1.7.1。

表 1.7.1　电子围栏与架空电力线最小距离

架空电力线电压等级	与电子围栏最小水平距离/m	与电子围栏最小垂直距离/m
10kV 及以下	2.5	2
35~110kV	5	3
220kV	7	4
330kV	9	5
500kV	9	5

⑥电子围栏与公用道路边沿的水平距离应大于 5m（墙顶式电子围栏例外）。

⑦电子围栏带脉冲高压，当接触点接触不良或物体接近时，会产生微弱的火花。因此，电子围栏应架设在无可燃气体、无可燃液体的场所；或按照国家有关标准要求，保持足够的安全距离；或者采取保护性安全隔离措施。

⑧考察电子围栏装设地点时，要求电子围栏与地下、空中等方位的电线、管道无冲突；电子围栏附近的范围内无杂物；检查围栏装置装设地点附近是否存在强干扰源（如发射台等高频设备），若有，则在施工图中标明信号线必须采用屏蔽双绞线。

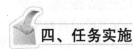

四、任务实施

（一）任务目标

1）完成施工草图绘制。

2）完成围栏主机的安装。

3）完成终端杆及终端杆绝缘子、底座安装。

4）完成中间承力杆及中间承力杆绝缘子、底座安装。

（二）安装主、配件准备

设备主、配件见表 1.7.2。

表 1.7.2　设备主、配件

名　　称	数　　量	单　　位
围栏主机（含键盘）	1	个

（续）

名　称	数　量	单　位
配件	1	批
电源线、信号线	1	批
膨胀螺钉	1	批
PVC 管	1	批
接地角铁	1	批

（三）工具准备

使用的工具见表 1.7.3。

表 1.7.3　使用的工具

序　号	名　称	数　量	用　途
1	冲击钻	1 台	安装设备用
2	活扳手	1 个	安装设备用
3	螺钉旋具	1 个	安装设备用
4	电烙铁	1 个	布线用
5	登高梯	1 把	安装设备用
6	铁锤	1 把	安装设备用
7	电工刀	1 把	布线用

（四）安装要求及注意事项

1）底座安装要坚固、水平，前后底座之间尽量保持一条直线。

2）围栏导线之间需保持平行等距。

3）围栏紧线器上下保持为一条竖直直线。

（五）安装方法及步骤

1. 施工草图的绘制

1）确定分区与主机安放位置：现场防区的分区需考虑整个周界的平均分布和出现警情后能否准确定位，单个防区距离最长不应超过 500m，分区应该尽量靠近拐角处。

确定支撑杆使用数量：终端杆两根之间的距离不大于 100m，在转角大于 120°或者高低落差较大处、分区位置也需使用终端杆，中间承力杆一般为 20 ~ 25m 一根，转角小于 120°或落差较小的地方可用中间承力杆过渡，其余位置每 4 ~ 5m 安装一根中间承力杆。

确定信号线及电源线配线管道：从控制室出发应布一根 RVVP2 × 1.0mm² 通信线和一根 RVV2 × 1.0mm² 电源线到前端每台主机，通信线需采用手拉手连接方式，电源线采用并联。以上线缆要求必须采用管道配线。

2）确定围栏安装方式。

①墙顶式安装。墙顶式电子围栏直接安装在围墙的顶部上方，如图 1.7.2 所示。围墙高度应在 1.8m 以上。支撑杆的安装可以有焊接、卡箍或预埋三种方式，视围墙结构状况而选择较合适的方式。例如，在铁栅围墙上，可采用焊接法；在混凝土围墙上，可采用预埋方式；在砖墙上，可采用卡箍方式。只要能稳固、美观，也可以采用其他方法。

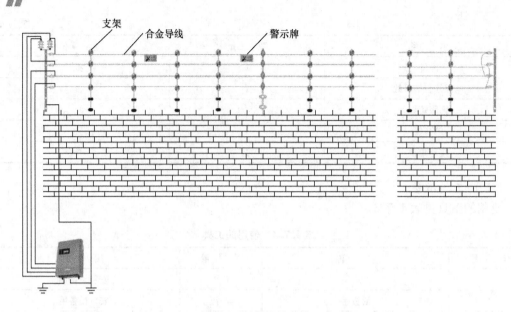

图 1.7.2　墙顶式安装

　　②附属式安装。附属式电子围栏附加在围墙或者栅栏上部或内侧,如图 1.7.3 所示。围墙直接承受电子围栏的压力和导线张力。所以在安装之前必须保证墙体的结构强度,如果不牢固,应预先加固。电子围栏前端最上面一根金属导体线离墙顶或者栅栏顶部的间距应不小于 700mm。

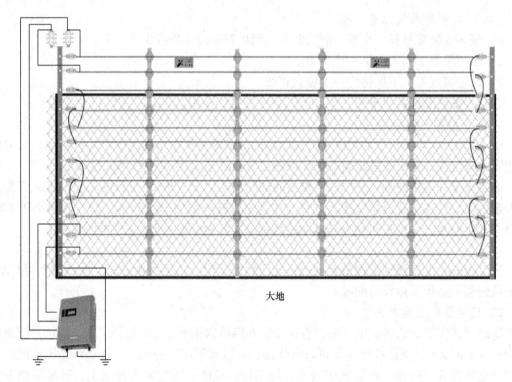

图 1.7.3　附属式安装

3）确定周界围栏安装角度及倾斜方向：（与墙顶面的夹角）如图1.7.4所示。

①根据现场的情况及甲方要求确定周界围栏安装角度（0°、22.5°、45°、67.5°、90°、112.5°、135°、157.5°或180°）和倾斜方向（内倾式、外倾式、垂直式或水平式）。

②根据周界环境确定倾斜方向：居民区、学校附近建议为内倾或垂直安装，空旷地带建议外倾安装，围墙高于2.5m时可以采用水平安装。

③根据保护对象确定倾斜方向：防止外界入侵时建议采用外倾安装，防止内部翻越时建议采用内倾安装。

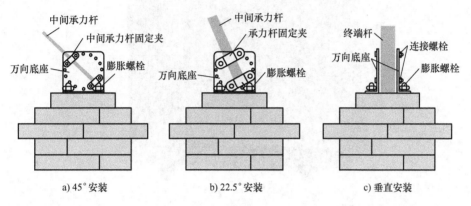

图1.7.4　周界围栏安装角度及倾斜方向示意

根据上述步骤，绘制出施工草图。

2. 围栏主机的安装

围栏主机的外观如图1.7.5所示。

主机功能端接线说明：

1）主机由输出和输入两部分组成，正脉冲从输出部分的"一路高压输出"传到围栏上，然后回到接收部分的"一路高压输入"；负脉冲从输出部分的"二路高压输出"传到围栏上，然后回到接收部分的"二路高压输入"，从而在前端围栏上形成正、负两个脉冲回路。

2）高压接地输出：可与避雷器接地共用接地输出，与保护接地需分开。

3）电压切换开关：用来切换主机工作在高低压模式或者是自动工作模式。

4）键盘输出：可直接接入键盘或经RS-485转RS-232转换后接入计算机进行远程控制。主机间采用RS-485连接，需采用手拉手连接方式，不允许采用星形联结方式。

5）开关量输出：输出常开/常闭两组干节点信号，按需要接入其他需联动的设备。

6）声光报警输出：报警时输出DC 12V电压，可接入功率不大于10W的DC 12V报警设备。

7）电源开关：市电供电正常时，断开电源开关后本围栏主机关闭；市电供电情况下，围栏主机正常工作过程中，如果市电停电，本围栏主机切换到由续航电池供电，此时断开电源开关，则不能关闭本围栏主机。

8）电源输入：接入AC 220V电源。围栏主机若安装于室外，则需配备相应的防雨箱。防雨箱一般安装于围栏网下方或电网分区处（图样中标定的位置）。围栏主机也可以放在控制中心或门卫室。内部接线按围栏主机底部接线图连接，信号线应与高压线分开，使用单独的配线管。

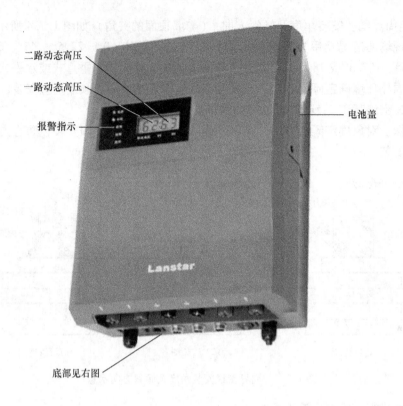

二路动态高压

一路动态高压

报警指示

电池盖

底部见右图

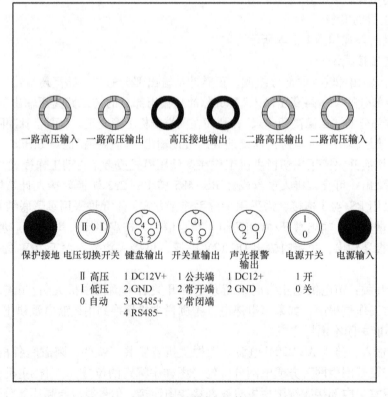

一路高压输入　一路高压输出　　高压接地输出　　二路高压输出　二路高压输入

保护接地　电压切换开关　键盘输出　　开关量输出　　声光报警　　电源开关　　电源输入
　　　　　　　　　　　　　　　　　　　　　　　　　　输出

　　　　Ⅱ 高压　　　1 DC12V+　　1 公共端　　　1 DC12+　　　1 开
　　　　Ⅰ 低压　　　2 GND　　　　2 常开端　　　2 GND　　　　0 关
　　　　0 自动　　　3 RS485+　　 3 常闭端
　　　　　　　　　　4 RS485−

图 1.7.5　围栏主机外观

3. 终端杆及终端杆绝缘子、底座安装

用终端绝缘子固定夹把终端绝缘子挂在终端杆上，考虑到距离越长，拉力越大，终端杆一般每 100m 安装一根，大的转角处和分区位置也需安装；底座固定角度需跟施工草图要求的角度一致。安装图如图 1.7.6 所示。

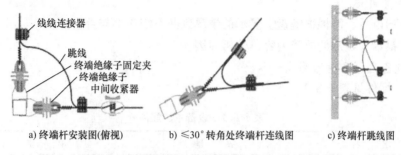

a) 终端杆安装图(俯视)　　b) ≤30°转角处终端杆连线图　　c) 终端杆跳线图

图 1.7.6　终端杆及终端杆绝缘子、底座安装图

4. 中间承力杆及中间承力杆绝缘子、底座安装

中间承力杆绝缘子是螺纹式的绝缘子，分为螺杆和螺母两部分，先把螺杆套入过线杆，再把螺母拧上，螺母没拧紧时调整好方向和距离（要求杆的方向和距离保持一致），拧紧固定好即可。中间承力杆一般每 4m 安装一根，底座固定角度需要和施工草图要求的角度一致。安装图如图 1.7.7 所示。

图 1.7.7　中间承力杆
及中间承力杆绝
缘子、底座安装图

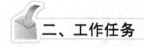

五、课后思考与练习

1）智能型脉冲电子围栏和传统的周界防范有什么不同？
2）智能型脉冲电子围栏有哪些功能？
3）列出安装一套电子围栏的主要配件。
4）安装电子围栏的注意事项有哪些？

任务八　设备故障的判断与处理

一、教学目标

1）具备一定的设备故障维修能力。
2）熟悉键盘故障的排查。
3）熟悉防区故障的排查。

二、工作任务

1）对键盘故障进行排查及处理。

2）对防区故障进行排查及处理。

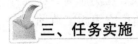

（一）任务目标

1）系统通电后，能根据键盘上显示的情况判断系统正常与否。

2）根据键盘上显示的故障内容，分析原因。

（二）设备主、配件准备

设备主、配件见表1.8.1。

表1.8.1　设备主、配件

名　　称	数　　量	单　　位
防盗报警主机	1	个
键盘	1	个
声光报警器	1	个
紧急按钮	1	个
红外微波复合型探测器	1	个
幕帘探测器	1	个
2.2kΩ电阻	8	个
信号线	若干	m
电源线	若干	m

（三）工具准备

使用的工具见表1.8.2。

表1.8.2　使用的工具

序　　号	名　　称	数　　量	用　　途
1	万用表	1台	线路测试用
2	小一字螺钉旋具	1个	接线用
3	小十字螺钉旋具	1个	接线用
4	长柄螺钉旋具	1个	接线用
5	人字梯	1把	线路检测用

（四）任务要求及注意事项

1）要正确判断设备、系统故障。

2）处理故障的时候要先关掉电源，以免烧坏设备。

（五）故障判断及处理方法（以福科斯主机、键盘为例）

1）键盘故障及处理方法。键盘故障及处理方法见表1.8.3。

表 1.8.3　键盘故障及处理方法

故障现象	故障原因	处理方法
输入错误：键盘显示 "please re-enter"，同时，听到表示故障的三次连续音	两个或多个键盘共用同一地址	在键盘背面将键盘跳线正确连接
键盘显示 "not programmed, see install guide"，蜂鸣器鸣音，但键盘不工作	1. 键盘地址不正确 2. 没有正确地配置键盘 11~15	1. 在键盘背面将键盘跳线正确连接 2. 检查键盘 11~15 的地址，系统只能看到备用总线上的键盘
键盘显示 "system fault"，蜂鸣器鸣音，但键盘不工作	1. 键盘接线错误 2. 键盘被设定在错误分区或不存在的分区 3. 拨码开关拨错	1. 检查接线 2. 把键盘设定在正确分区 3. 将键盘旁边的拨码开关拨正确
键盘显示防区出现故障	防区接线错	检查各个防区的接线是否正确，包括是否串接尾线电阻

2) 防区故障及处理方法。

防区故障及处理方法见表 1.8.4。

表 1.8.4　防区故障及处理方法

故障现象	故障原因	处理方法
防区 9 及以后的防区显示 "Not Ready. Zone Trouble"	1）多路扩展模块安装不正确 2）多路扩展模块的导线脱落，或连线不正确 3）8 路输入地址码模块的拨码开关设置不正确 4）总线锁代码设定不正确或没有把总线锁代码编入模块 5）防区编程不正确	1）把多路扩展模块正确地安装在 FC-7448 电路板上的接线处 2）检查接线 3）正确设定 8 路输入地址码模块的拨码开关 4）不能把总线锁代码与 8 路输入地址码模块共同使用，如果使用 8 路输入模块，则取消总线锁代码 5）把开关及探测器编制为单防区输入
在键盘上显示 "Fire alarm"，但不显示防区号码	在商业防火模式中，在显示防区号码之前，火警信号应先被终止	输入一个有效的撤防用户密码，并按键。然后再次输入一个有效的撤防用户密码，并按键，从而显示防区
主机自带防区显示 "Not Ready"	1）防区接线有误 2）防区编程不正确	1）检查防区接线 2）检查防区编程是否合理
无形防区或无声防区触发报警输出	报警输出被编制为 "报警时锁定"（0）	把报警输出编制为跟随防区报警（6）
键盘显示 "（Fire Trouble）"，但不显示任何防区	接地出现故障	
触发时，无形防区显示 "没做好布防准备（Not Ready）"	此为正确操作。只显示 "做好布防准备"，但不显示报警信号	建议：如果为抑制防区，则不要把液晶键盘编制为抑制程序，可编制为其他程序

四、课后思考与练习

1）如何进行系统复位？

2）若键盘显示"通信故障"，请分析可能是什么原因，应如何解决。

3）如果键盘上的火警故障灯显示红色，请分析是什么原因，应如何解决。

4）若系统不能布防，请分析是什么原因。

项目小结

1）防盗报警系统按照传输方式分为有线防盗报警系统和无线防盗报警系统。有线防盗报警系统一般用于防范区域较大的场所，如工厂、小区等；无线防盗报警系统一般用于防范区域较小的场所，如住宅、写字楼等。

2）防盗报警系统的主要设备有主机、声光报警器和各类探测器等。

3）常用的探测器有红外微波复合型探测器、红外对射探测器、光栅、幕帘探测器和门磁等。

4）探测器与主机的连接有两种方式：常开、常闭。一般采用常闭接法，此时需要串接一个 $2.2k\Omega$ 的尾线电阻。

5）防盗报警主机自带的防区不够用时，可以使用扩充模块，扩充模块有单防区扩充模块和 8 防区扩充模块。

6）对防区功能的编程，要与防区所接探测器的类型及安装位置相适应。

项目二 闭路电视监控系统的安装与维护

闭路电视监控系统是安防系统中很重要的一个子系统，应用于各行各业，如学校、医院、政府部门、金融机构、工厂、道路等。闭路电视监控系统能在人们无法直接观察的场合实时地反映被监视对象的画面，甚至可以远距离控制。系统组成方式多种多样，可以根据用户的需求设计出不同的方案。

任务一 闭路电视监控系统的认知

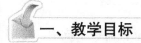

一、教学目标

1）熟悉闭路电视监控系统的主要设备。
2）能说出闭路电视监控系统的其他设备。
3）熟悉闭路电视监控系统的组成。

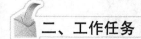

二、工作任务

1）熟悉常用的摄像机以及每种摄像机应用的场所。
2）熟悉硬盘录像机和矩阵的作用。
3）熟悉闭路电视监控系统的其他设备或器材。

三、相关知识

闭路电视监控系统由摄像部分、传输部分、控制部分以及显示部分四大块组成，其结构示意图如图2.1.1所示。

（一）摄像部分

摄像部分主要由摄像机、镜头、防护罩、支架和云台等组成。它负责摄取现场景物并将其转换为电信号，经视频传输线将电信号传送到控制中心的主机，通过解调、放大后将电信号转换成图像信号，送到监视器上显示出来。

1）摄像机。摄像机有彩色和黑白两种，一般根据监视对象所处环境和监视要求来选取。摄像机的主要技术参数为CCD靶面尺寸、像素数、分辨率、最低照度和信噪比等。

CCD 靶面尺寸指的是 CCD 图像传感器感光面的对角线尺寸，常见的规格为 1/2in、1/3in 和 1/4in（1in = 0.0254m）等，如图 2.1.2 所示。

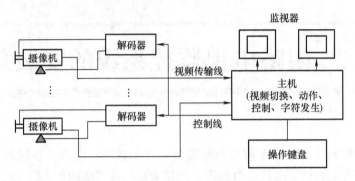

图 2.1.1 闭路电路监控系统结构示意图

a) 1/2in彩色CCD摄像机　　b) 1/3in彩色CCD摄像机　　c) 1/4in彩色CCD摄像机

图 2.1.2 摄像机

2）镜头。镜头与摄像机联合使用，如图 2.1.3 所示，目前闭路电视监控系统中，常用的镜头种类有手动/自动光圈定焦镜头和自动光圈变焦镜头。自动光圈变焦镜头常用视频驱动和直流驱动两种驱动方式。

图 2.1.3 镜头

3）云台。如果一个监视点上所要监视的环境范围较大，则在摄像部分中必须设置云台。云台是承载摄像机进行水平和垂直两个方向转动的装置，如图 2.1.4 所示，云台内装两台电动机，一台负责水平方向的转动，另一台负责垂直方向的转动。

图 2.1.4 云台

4）解码器。解码器属于前端设备，它一般安装在配有云台及电动镜头的摄像机附近。解码器的作用是对专用数据电缆接收的来自控制主机的控制码进行解码，放大输出，驱动云台的旋转，以及变焦镜头的变焦与聚焦的动作。

（二）传输部分（以模拟摄像机为例）

图像信号是通过摄像机摄取的，声音信号是通过另配的监听头拾取的，控制信号则由控制中心的控制设备发出，以控制镜头、云台等设备。这些信号的传输可以通过以下方式进行：

1）同轴电缆传输，如图2.1.5所示。

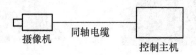

图2.1.5　同轴电缆传输

2）光缆传输，如图2.1.6所示。

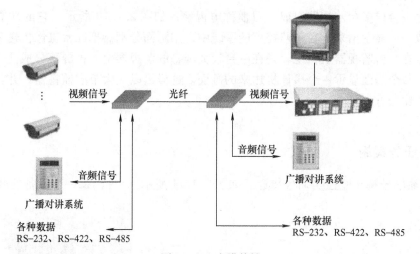

图2.1.6　光缆传输

（三）控制部分

闭路电视监控系统的控制设备一般放置在监控室内，控制设备主要包括：视频矩阵切换主机（简称矩阵）、硬盘录像机、视频分配器、视频放大器、视频切换器、多画面分割器、时滞录像机、控制键盘及控制台等。

1）视频矩阵切换主机。视频矩阵切换主机包括视频输入/输出模块、通信控制模块、报警处理模块及电源装置。视频矩阵切换主机的主要技术指标为主机的容量，它指的是输入与输出的视频信号的数量。规格有8×2（8路视频输入，2路视频输出）、16×4（16路视频输入，4路视频输出）、32×4（32路视频输入，4路视频输出）和64×8（64路视频输入，8路视频输出）等，使用BNC接头或复合视频接口。视频矩阵主机外观如图2.1.7所示。

图2.1.7　视频矩阵主机外观

2）硬盘录像机。硬盘录像机的基本功能是将模拟的音视频信号转变为MPEG数字信号存储在硬盘（HDD）上，它是一套进行图像存储处理的计算机系统，具有对图像/语音进行长时间录像、录音、远程监视和控制的功能。硬盘录像机的外观如图2.1.8所示。

3）视频分配器和视频放大器。用于将一路视频信号变换为多路视频信号，输送到多个显示与控制设备。

4）控制键盘。控制键盘是监控人员控制闭路电视监控设备的平台，通过它可以切换视频、遥控摄像机的云台转动或镜头变焦等，它还具有对监控设备进行参数调试和编程等功能。图 2.1.9 所示为常用的控制键盘。

图 2.1.8　硬盘录像机外观　　　　　　　图 2.1.9　控制键盘

（四）显示部分

一般由一台或多台监视器组成，习惯称电视墙，如图 2.1.10 所示。它的功能是将传送过来的图像一一显示出来。在多监控点的系统中，用画面分割器把几台摄像机送来的图像信号同时显示在一台监视器上，也就是在一台较大屏幕的监视器上，把屏幕分成几个面积相等的小画面，每个画面显示一个摄像机送来的画面。这样可以大大节省监视器，并且操作人员观看起来也比较方便。

 四、任务实施

1）观察学校视频监控实训台装置（如图 2.1.11 所示），说出每一个设备的名称。

图 2.1.10　电视墙　　　　　　　图 2.1.11　视频监控实训台

2）观察摄像机的外观，分析它们适合安装的场所。

3）观察视频监控实训台上的矩阵主机，说出哪些端口是视频输入端口、哪些端口是视频输出端口。

 五、课后思考与练习

1）观察视频监控实训台上的摄像机，写出它们的名称。

2）画出闭路电视监控系统的结构示意图。

3）写出闭路电视监控系统的组成。

任务二 摄像机、镜头、支架及防护罩的安装

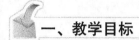

一、教学目标

1) 能独立完成摄像机、镜头、支架及防护罩的安装。
2) 熟悉摄像机的技术参数。
3) 熟悉摄像机、镜头、支架及防护罩的安装工艺及要求。
4) 会对摄像机角度、镜头焦距和光圈进行调整。

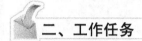

二、工作任务

1) 观察摄像机机身以及镜头上的技术参数。
2) 按行业标准要求安装摄像机、镜头、支架及防护罩。

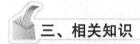

三、相关知识

（一）摄像机

闭路电视监控系统中使用的摄像机主要是 CCD 摄像机，是摄像机和镜头的总称。

1) 常用的摄像机类型。常见的摄像机类型如图 2.2.1 和图 2.2.2 所示 。

2) 摄像机的主要技术参数。

①CCD 靶面尺寸。

CCD 是英文 Charge Coupled Device 的缩写，即电荷耦合器。其作用是将光信号转化成电信号，它的性能好坏直接影响摄像机的性能。

CCD 靶面尺寸说的是 CCD 图像传感器的感光部分的大小。一般用 in（英寸）来表示，通常这个数据指的是 CCD 图像传感器的对角线尺寸。原来大多为 1/2in，现在 1/3in 的已普及化，1/4in 也有不少。

a) 红外摄像机　　　　b) 红外夜视球形摄像机　　c) 远距离红外防水CCD摄像机

d) 彩色红外夜视摄像机　　e) 红外夜视一体化摄像机　　f) 微型彩转黑感红外摄像机

图 2.2.1　常见的摄像机类型（一）

a) 彩色低照度摄像机　b) 彩色低照度半球摄像机　　c) 低照度摄像机

d) 黑白半球摄像机　　　e) 超低照度摄像机　　　f) 彩色高清晰度摄像机

图 2.2.2　常见的摄像机类型（二）

②水平分辨率。

通常用电视线（TVL）来表示，电视线越大，图像越清晰。

③最低照度。

也称成像灵敏度，是指 CCD 图像传感器芯片对环境光线的敏感程度，单位为 lx（勒克斯），数值越小表示需要的光线越少。常见的有 0.1lx、0.01lx 和 0.001lx。

④信噪比。

信噪比定义为摄像机的图像信号与噪声信号的比值。信噪比越大，摄像机的性能越好。

（二）镜头

镜头是监控系统中必不可少的部件，镜头与 CCD 摄像机配合，可以将远距离目标成像在摄像机的 CCD 靶面上。镜头外观如图 2.2.3 所示。

图 2.2.3　镜头外观

1）镜头的分类。可分为定焦和变焦镜头，变焦镜头俗称"三可变镜头"（即改变光圈、焦距、倍数），镜头尺寸要求与 CCD 靶面尺寸一致。

2）镜头的技术参数。

①成像尺寸。镜头一般可分为 1in（25.4mm）、2/3in（16.9mm）、1/2in（12.7mm）、1/3in（8.47mm）和 1/4in（6.35mm）等几种规格。

②焦距。焦距决定了摄取图像大小，用不同焦距的镜头对同一位置某物体摄像时，配长焦距镜头摄像机所摄取的景物尺寸大，反之，配短焦距镜头摄像机所摄取的景物尺寸小。

③相对孔径。为了控制通过镜头的光通量大小，在镜头后部设置光圈。镜头实际孔径为 D，D 与焦距 f 之比定义为相对孔径 A，即：$A = D/f$。

④视场角。镜头有一个确定视野，镜头对这个视野的高度和宽度的张角称为视场角。视场角与镜头焦距 f 及摄像机靶面尺寸（水平尺寸 h 和垂直尺寸 v）的大小有关。

⑤接口。镜头的安装方式有 C 型安装和 CS 型安装两种。将 C 型镜头安装到 CS 接口摄像机时需增配一个 5mm 厚的接圈。

（三）支架

普通支架有短的、长的、直的、弯的，可根据不同的要求选择不同的型号，如图 2.2.4 所示。

室外支架主要考虑负载能力是否合乎要求，再有就是安装位置，因为从实践中发现，很多室外摄像机安装位置特殊，有的安装在电线杆上，有的立于塔吊上，有的安装在铁架上。

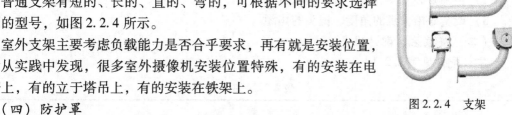

图 2.2.4　支架

（四）防护罩

1）作用。防护罩是使摄像机在有灰尘、雨水、高低温等情况下正常使用的防护装置，其作用是保护摄像机和镜头。

2）分类。

①普通室内防护罩，如图 2.2.5 所示。

室内用防护罩结构简单，价格便宜，其主要功能是防止摄像机落尘并有一定的安全防护作用，如防盗、防破坏等。

②室外全天候防护罩，如图 2.2.6 所示。

图 2.2.5　普通室内防护罩　　　　图 2.2.6　室外全天候防护罩

室外用防护罩一般为全天候防护罩，即无论刮风、下雨、下雪还是高温、低温等恶劣情况，都能使安装在防护罩内的摄像机正常工作。这种防护罩具有降温、加温、防雨、防雪等功能。为了在雨雪天气仍能使摄像机正常摄取图像，一般在全天候防护罩的玻璃窗前安装有可控制的雨刷。

③防爆护罩，如图 2.2.7 所示。

④室内半球形护罩，如图 2.2.8 所示。

图 2.2.7　防爆护罩　　　　图 2.2.8　室内半球形护罩

四、任务实施

（一）任务目标

1）根据现场情况以及监控区域确定摄像机安装的位置。

2）正确安装支架、防护罩、摄像机和镜头。

3）调整好摄像机的角度、镜头的焦距。

（二）安装主、配件准备

主、配件见表2.2.1。

表2.2.1　主、配件

名　　称	数　量	单　位
摄像机	3	个
镜头	3	个
支架	3	个
防护罩	3	个
电源	3	个
BNC接头	6	个
视频线、电源线	若干	m

（三）工具准备

使用的工具见表2.2.2。

表2.2.2　使用的工具

工具名称	数　量	作　用
工程宝	1台	调试视频图像、信号测试
万用表	1个	施工布线测试
电压通断、电流测试笔	1支	测试线路
电工多功能工具箱	1套	布线施工、系统安装调试

（四）安装要求及注意事项

1）安装要点。摄像机作为比较精密的光学、电子设备，必须在安全、整洁的环境下，方可安装，其安装要点如下：

①安装前，每个摄像机均应加电进行检测和调整，能够正常工作的方可安装，在搬动、架设摄像机的过程中，不得打开镜头盖。

②从摄像机引出的电缆应预留30～50cm的裕量，以不影响带云台摄像机的转动，不可利用电缆插头和电源插头来承载电缆的重量。

③摄像机宜安装在监视目标附近且不易受到外界损伤的地方，摄像机的位置不应影响现场工作人员的工作和正常活动。室内安装高度为2.5～5m，室外安装高度为3.5～10m。

④摄像机镜头要避免强光直射，避免逆光安装；必须逆光安装的，应选择将监视区的光对比度控制在最低限度范围内。

⑤当摄像机在其视野内明暗反差较大时，摄像机方向、明暗条件应充分考虑和改善。

2）安装步骤。摄像机、镜头、支架、防护罩的安装步骤如下：

第一步：安装前准备。

拿出支架，准备好工具和零件：胀塞、螺钉、螺钉旋具、小锤、电钻等必要工具；按事先确定的安装位置，检查好胀塞和自攻螺钉的大小型号，试一试支架螺钉和摄像机底座的螺口是否合适，预埋的管线接口是否处理好，测试电缆是否畅通。就绪后进入安装程序。

第二步：安装支架。

拿出支架、胀塞、螺钉、螺钉旋具、小锤、电钻等工具，按照事先确定的位置，装好支架。

第三步：安装镜头。

拿出摄像机和镜头，按照事先确定的摄像机和镜头的型号和规格，仔细装上镜头（红外摄像机和一体式摄像机不需安装镜头）。

安装镜头时，首先去掉摄像机及镜头的保护盖，然后将镜头轻轻旋入摄像机的镜头接口并使之到位。对于自动光圈镜头，还应将镜头的控制线连接到摄像机的自动光圈接口上；对于电动两可变镜头或三可变镜头，只要旋转镜头到位，则暂时不需校正其平衡状态（只有在焦距调整完毕后才需要最后校正其平衡状态）。具体步骤如下：

①卸下镜头接口盖。

②镜头安装：逆时针方向转动松开定位截距可调环上的一颗螺钉，然后将环按"C"方向（逆时针方向）转动到底，如图2.2.9所示。否则，在摄像机上安装镜头时，可能会对内部图像感应器或镜头造成损坏。

③必须根据镜头的类型将镜头选择开关置于摄像机的一侧。如果安装的镜头是DC控制类型，则将选择开关置于"DC"；如果是视频控制类型，则切换到"VIDEO"。

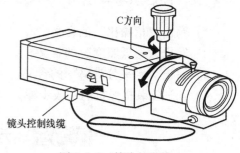

图2.2.9　镜头的安装

说明：a. DC镜头是配合部分摄像机制造商，将原先安装于镜头中的驱动电路板转至摄像机中，因此镜头不需要驱动电路板，直接由摄像机输出DC电流来改变光圈电动机，使光圈产生变化。由于接头固定，成本较低，施工也较为容易。

b. Video镜头是将光圈电动机的驱动电路板安装于镜头内，利用摄像机输出图像信号到驱动电路板，再由驱动电路板来改变光圈电动机，使光圈变化，成本与施工都比较贵。

④根据镜头类型，旋转焦距调节螺钉调整焦距。

注意不要用手碰镜头和CCD，确认固定牢固后，接通电源，连通主机或现场使用监视器、小型视频机等调整好光圈焦距。

第四步：安装防护罩（适用于室外或室内灰尘较多的场所）。

如果室外或室内灰尘较多，则需要安装摄像机防护罩。

①打开防护罩上盖板和后挡板。

②抽出固定金属片，将摄像机固定好。

③将电源适配器装入防护罩内。

④复位上盖板和后挡板，理顺电缆，固定好，装到支架上。

第五步：安装摄像机。

检查支架牢固后，将摄像机按照约定的方向装上（确定安装摄像机前，先在安装的位置通电测试一下，以便得到更合理的监视效果）。

第六步：连接。

把焊接好的视频线 BNC 接头插入视频插座内（用接头的两个缺口对准摄像机视频插座的两个固定柱，插入后顺时针旋转即可），确认固定牢固、接触良好。

第七步：连接电源线。

将电源适配器的电源输出接入监控摄像机的电源端口，并确认牢固。

第八步：摄像机与主机的连接。

把视频线的另一头按同样的方法接入控制主机或监视器（视频）的视频输入端口，确保连接牢固、接触良好。

第九步：摄像机角度、镜头焦距和清晰度的调整。

接通监控主机和摄像机电源，通过监视器调整摄像机角度到预定范围，并调整摄像机镜头的焦距和清晰度，进入录像设备和其他控制设备调整工序。

 五、课后思考与练习

1）写出"信噪比"的含义。
2）写出"最低照度"的含义。
3）写出"水平分辨率"的含义。
4）简述安装摄像机的一般步骤。

任务三 云台、解码器的安装

 一、教学目标

1）能独立完成云台、解码器的安装。
2）熟悉云台、解码器的技术参数。
3）熟悉云台、解码器的安装工艺及要求。

 二、工作任务

1）熟悉解码器的作用。
2）按行业标准要求安装云台、解码器。

 三、相关知识

（一）云台

云台是安装在摄像机支架上的工作台，用于摄像机与支撑物之间的连接，它具有承载摄像机进行上下左右和旋转运动的作用，固定于其上的摄像机从而完成定点监视或扫描全景，同时，提供有预置位，以控制旋转扫描范围。外观如图2.3.1所示。

图2.3.1　云台

云台水平转动的角度一般为350°，垂直转动的角度则有±45°、±35°、±75°等。水平及垂直转动的角度大小可通过限位开关进行调整。

1）云台的分类。

①按使用环境分类。云台按使用环境分为室内型和室外型，如图2.3.2所示，室外型密封性能好，防水、防尘，负载大，有些高档的室外云台除有防雨装置外，还有防冻加温装置。

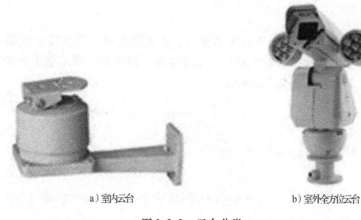

a）室内云台　　　　　　　　b）室外全方位云台

图2.3.2　云台分类

②按安装方式分类。云台按安装方式分为吊装和壁装，即云台是安装在天花板上还是安装在墙壁上。

③按外形分类。云台按外形分为普通形和球形，球形云台是把云台安置在一个半球形或球形防护罩中，除了防止灰尘干扰图像外，还隐蔽、美观。

2）云台的选用。要考虑使用环境、安装方式、工作电压、负载大小、性能价格比和外形是否美观等。

①承重。为适应不同摄像机及防护罩，云台的承重应是不同的。应根据选用的摄像机及防护罩的总重量来选用合适承重的云台。

目前出厂的室内云台承重量为1.5~7kg，室外云台承重量为7~50kg。

②控制方式。一般的云台均属于有线控制的电动云台。控制线的输入端有5个，其中1个为电源的公共端，另外4个分别为上、下、左、右控制端。如果将电源的一端接在公共

端，电源的另一端接在"上"端时，则云台带动摄像机头向上转动，其余类推。

还有一些云台带有 6 个控制输入端。1 个是电源的公共端，另 4 个是上、下、左、右端，还有 1 个则是自动转动端。当电源的一端接在公共端，电源的另一端接在"自动"端时，云台将带动摄像机头按一定的转动速度进行上、下、左、右的自动转动。

3）云台的结构。云台由顶盖、排风扇、防护罩、摄像机托板、加热单元和限位块组成。其结构如图 2.3.3 所示。

图 2.3.3　云台结构

（二）解码器

1）解码器的组成。解码器以单片机为核心，由电源电路、通信接口电路、自检及地址输入电路、输出驱动电路及报警输入接口等电路组成。解码器一般不能单独使用，需要与系统主机配合使用。其外观如图 2.3.4 所示。

a) 室内解码器LH-2051　　b) 室内外通用解码器LH-2071　　c) 室外解码器LH-2041

图 2.3.4　解码器

2）解码器的作用和功能。解码器的主要作用是接收控制中心的系统主机送来的编码控制信号，并进行解码，转换为控制动作的命令信号，再去控制摄像机及其辅助设备的各种动作（如镜头的变倍、云台的转动等）。

在使用解码器时，首先必须对拨码开关进行设置。在设置时，解码器地址必须与系统中的摄像机编号一致。

解码器具有自检功能，即不需要远端主机的控制，直接在解码器上操作拨码开关，通过测试云台和电动镜头的工作是否正常来判断连线是否正确，同时镜头电压可在 6V、8V、10V、12V 之间进行选择，以适应不同的镜头电源。

解码器还具有回传数据信号的功能，因而在实际应用中可以将各类报警探头等前端设备直接接于监控现场的解码器上。报警探头发出的报警信号可在前端解码器内编码后经由 RS-485通信总线回传到控制中心的系统主机。

3）解码器使用。选择好解码器的工作电压，设置好解码器的地址和波特率，使解码器与控制设备之间有相同的数据传输速度，选择好解码器工作协议，并将通信控制线（485 总线）与总线相连。

4）RS-485 总线控制通信方式。智能解码器采用 RS-485 总线控制通信方式，DATA + 、DATA − 为信号端，G（GND）为屏蔽地。标准 RS-485 设备至智能解码器之间采用二芯屏蔽双绞线连接，连接电缆的最远累加距离不超过 1500m。

5）解码器的拨码方法。带云台一体化摄像机、高速球等要实现镜头变焦变倍、云台旋转，就要通过设置 ID 地址、波特率和协议来完成。带云台一体化摄像机、高速球利用 ID 地址拨码开关 SW1 设置地址号，编码方式采用二进制编码，具体拨码定义参见表 2.3.1。第 1～8 位均为有效位，最高地址位为 255。通信协议和波特率通过拨码开关 SW2 来完成。拨码开关 SW2 由左到右依次为第 1、2、3、4、5、6、7、8 位；其中第 1、2、3、4 位为通信协议设置位，第 5、6 位为通信波特率设置位，第 7 位固定为 OFF 状态。通信协议的拨码见表 2.3.2（SW2 的 1～4 位），通信波特率的拨码见表 2.3.3（SW2 的 5～6 位）。

表 2.3.1　ID 地址拨码

地址	第 1 位	第 2 位	第 3 位	第 4 位	第 5 位	第 6 位	第 7 位	第 8 位
1	ON	OFF	OFF	OFF	OFF	OFF	OFF	OFF
2	OFF	ON	OFF	OFF	OFF	OFF	OFF	OFF
3	ON	ON	OFF	OFF	OFF	OFF	OFF	OFF
4	OFF	OFF	ON	OFF	OFF	OFF	OFF	OFF
5	ON	OFF	ON	OFF	OFF	OFF	OFF	OFF
6	OFF	ON	ON	OFF	OFF	OFF	OFF	OFF
7	ON	ON	ON	OFF	OFF	OFF	OFF	OFF
8	OFF	OFF	OFF	ON	OFF	OFF	OFF	OFF
…			…					
254	OFF	ON	ON	ON	ON	ON	ON	ON
255	ON	ON	ON	ON	ON	ON	ON	ON

表 2.3.2　通信协议拨码

协　　议	第 1 位	第 2 位	第 3 位	第 4 位
行业协议 V0.0	OFF	OFF	OFF	OFF
YAAN	ON	OFF	OFF	OFF
Pelco-P	OFF	ON	OFF	OFF
Pelco-D	ON	ON	OFF	OFF

表 2.3.3　通信波特率拨码

波特率/（bit/s）	第 5 位	第 6 位
2400	ON	OFF
4800	OFF	ON
9600	OFF	OFF
19200	ON	ON

四、任务实施

（一）任务目标

1）安装云台和解码器，并将摄像机的控制线连接到云台和解码器上。

2）对 ID 地址、协议和波特率进行拨码。

（二）安装主、配件准备

主、配件见表 2.3.4。

表 2.3.4　主、配件

名　称	数　量	单　位
云台	1	个
支架	1	个
解码器	1	个
摄像机	1	个
电源	2	个
线材	若干	m
BNC 接头	2	个

（三）工具准备

使用的工具见表 2.3.5。

表 2.3.5　使用的工具

工具名称	数　量	作　用
工程宝	1 台	调试视频图像、信号测试
万用表	1 个	施工布线测试
说明书	1 本	拨码用
电工多功能工具箱	1 套	布线施工、系统安装调试

（四）安装要求及注意事项

1）安装时，首先确定云台的承重能力。

2）确定安装位置，将摄像机支架牢固地固定在相应位置，然后将云台安装在支架上，注意云台安装位置不可偏离其回转中心。

3）由于是分组安装，所以在对解码器编码的时候要标识好 ID 地址，以免编重复。

（五）安装步骤

1. 云台的安装

下面以室内壁装云台为例，介绍云台的安装方法。

第一步：用螺钉旋具打开底盖板，如图 2.3.5 所示。

第二步：去掉底盖板，抽出接线板，如图 2.3.6 所示。

第三步：将接线板平放在桌面上，小心拔出控制信号线，如图 2.3.7 所示。

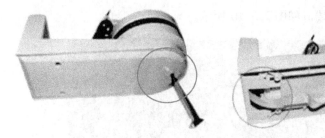

图 2.3.5　打开底盖板　　　　图 2.3.6　抽出接线板

图 2.3.7　拔出控制信号线

第四步：按照说明书和摄像机的参数把控制信号线接入各自端口。

第五步：把带有接线模块的接线板按照事先确定的位置固定到墙上，按照相反的顺序把云台的底盖板装回去，如图 2.3.8 所示。

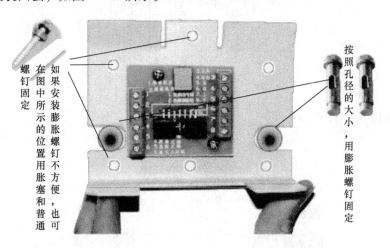

图 2.3.8　云台安装方法

安装好的云台如图 2.3.9 所示。

2. 解码器的安装

云台和解码器之间由六根线进行连接，它们分别是：

1——COM	2——AUTO	3——Right
4——Left	5——Down	6——Up

解码器和云台连接的端口如图2.3.10所示。

图2.3.9　安装好的云台

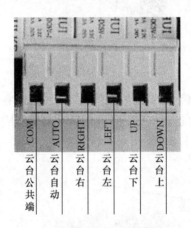

图2.3.10　解码器接线端口

连接图如图2.3.11所示。

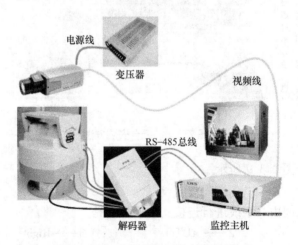

图2.3.11　解码器和云台的连线图

五、课后思考与练习

1）写出云台的构成。
2）选择云台时有哪些注意事项？
3）解码器的作用是什么？
4）画出云台、解码器、摄像机、监控主机及显示器的使用连接图。

任务四 BNC 接头的焊接

 一、教学目标

1）知道 BNC 接头的作用。
2）了解 BNC 接头的特性。
3）熟练焊接 BNC 接头。

 二、工作任务

1）了解 BNC 接头各个部分的作用。
2）用不同的方法焊接 BNC 接头。

 三、相关知识

（一）简介

BNC 接头是监控工程中用于摄像设备输出时导线和摄像机的连接头（外观如图 2.4.1 所示），全称是 Bayonet Nut Connector（刺刀螺母连接器，这个名称形象地描述了这种接头外形）。BNC 接头可以隔绝视频输入信号，使信号相互间干扰减少且信号频宽较普通 D-SUB 接头大，可达到最佳信号响应效果。

BNC 接头有压接式、组装式和焊接式，制作压接式 BNC 接头需要专用卡线钳。在工程中通常使用焊接式，如图 2.4.2 所示。

图 2.4.1 BNC 接头

图 2.4.2 焊接式 BNC 接头

（二）BNC 接头的特性

1）特性阻抗：75Ω。

2）频率范围：0~2GHz。

3）接触电阻：内电阻 ≤2.0mΩ；外电阻 ≤0.2mΩ。

4）绝缘电阻：≥5000MΩ。

5）中心接触件：插针——黄铜、镀金（加粗）；插孔——锡青铜或铍青铜、黄金。

6）壳体和其他金属零件：黄铜、镀镍（加厚）。

7）绝缘体：聚四氟乙烯。

8）线夹：黄铜、镀银。

9）密封圈：硅橡胶。

 四、任务实施

（一）任务目标

1）清点好焊接任务所用的材料、工具。

2）用不同的方法焊接 BNC 接头，对比哪种方法焊接出来的 BNC 接头比较美观、实用、不易脱落。

（二）安装主、配件准备

主、配件见表 2.4.1。

表 2.4.1　主、配件

名　称	数　量	单　位
BNC 接头	若干	个
视频线	1	批

（三）工具准备

使用的工具、材料见表 2.4.2。

表 2.4.2　使用的工具、材料

序　号	名　称	数　量	用　途
1	工程宝	1 台	线缆测试用
2	电烙铁	1 支	焊接用
3	焊锡	若干	焊接用
4	剥线钳	1 把	剥线用
5	剪刀	1 把	剪线用

（四）焊接要求及注意事项

1）剥线时，避免用力过大，切断线缆。

2）焊接的时候避免虚焊、漏焊、短路。

（五）焊接步骤

第一步：剥线。对比 BNC 接头线夹长度来确定剥线的长度，屏蔽层和芯线分别留长约

12mm 和 3mm（长度无标准），并把屏蔽层套入电缆线，如图 2.4.3 所示。

　　第二步：固定。将裸露的芯线和 BNC 接头上焊锡（也可以不上），把屏蔽层穿入线夹中间的空孔里面并固定好位置，如图 2.4.4 所示。

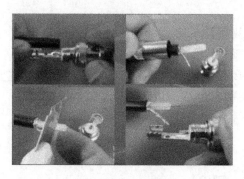

图 2.4.3　剥线

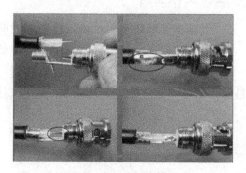

图 2.4.4　固定

　　第三步：焊接。用电烙铁直接焊接，如图 2.4.5 所示。
　　第四步：整理飞边后拧上屏蔽层，如图 2.4.6 所示。

图 2.4.5　焊接

图 2.4.6　焊接好的 BNC 接头

　　第五步：测试。将制作好的 BNC 接头接到摄像机上，再连接到工程宝上，观察图像质量。

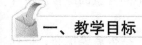

五、课后思考与练习

　　1）BNC 接头的特性阻抗是多少？
　　2）BNC 接头有哪几种类型？常用的是哪种？
　　3）写出制作 BNC 接头的步骤。
　　4）制作 BNC 接头有哪些细节需要注意？

任务五　主机与前端设备的连接

一、教学目标

　　1）知道硬盘录像机各接口的含义。

2）知道矩阵各接口的含义。

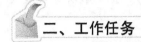 二、工作任务

1）以硬盘录像机作为主机构建一套闭路电视监控系统。

2）以矩阵作为主机构建一套闭路电视监控系统。

3）以硬盘录像机和矩阵作为主机构建一套闭路电视监控系统，其中硬盘录像机主要作用是保存图像，矩阵的主要作用是控制前端镜头和云台。

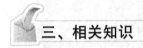 三、相关知识

（一）硬盘录像机（Digital Video Recorder，DVR）

硬盘录像机集磁带录像机、画面分割器、视频切换器、控制器及远程传输系统的全部功能于一体，本身可连接报警探头、声光报警器，实现报警联动功能，还可进行图像移动侦测，可通过解码器控制云台和镜头，可通过网络传输图像和控制信号等。外观如图2.5.1所示。

图2.5.1 硬盘录像机外观

1）主要技术参数。

①可同时接入摄像机的路数：1路、4路、8路、16路等。

②所采用的图像压缩格式：H.264、MPEG等。

③硬盘容量的大小（或保存图像的时间）。

④图像显示方式：如全屏、4画面、9画面、16画面。

⑤常规的报警输入。

2）设备接口含义。硬盘录像机的接线面板根据品牌、型号的不同会有所区别，但是接口的含义基本都是一样的。下面以某一款硬盘录像机为例，说明接口的类型，如图2.5.2所示。由此可见，硬盘录像机的接口类型可以归纳为以下几类：视频输入/视频输出、音频输入/音频输出、报警输入/报警输出、网络接口、USB接口、RS-485控制接口、电源接口。

3）以硬盘录像机作为主机的闭路电视监控系统结构图。以硬盘录像机作为主机的闭路电视监控系统结构图如图2.5.3所示。

（二）矩阵

1）矩阵的基本功能。矩阵的基本功能是实现输入视频图像的切换输出，即将视频图像从任意一个输入通道切换到任意一个输出通道显示。$M \times N$矩阵表示同时支持M路视频输入和N路视频输出，如64×8表示同时支持64路视频输入和8路视频输出。矩阵系统还需要支持级联以实现更高的容量，为了适应不同用户对矩阵系统容量的要求，矩阵系统应该支持模块化和即插即用（PnP），通过增加或减少视频输入/输出卡来实现不同容量的组合。矩阵系统的发展方向是多功能、大容量、可联网，以及可进行远程切换。

2）矩阵的选择。选择矩阵时首先要确定需要控制的摄像机个数、是否需要扩充，把现有的和将来有可能扩充的摄像机数目相加，从而选择矩阵的输入路数。如某学校工业中心监

控系统建设中，监控点有 15 个，可是监视器只有 6 个，以后监控点会扩展到 25 个，那么最少也要有 25 路视频输入给控制主机，所以需要选择 32 输入控制主机。一般而言矩阵系统的容量达到 64×16 即为大容量矩阵。如果需要更大容量的矩阵系统，也可以通过多台矩阵系统级联来实现。矩阵容量越大，所需技术水平越高，设计实现难度也越大。

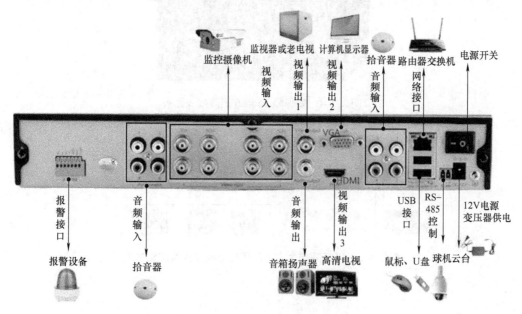

图 2.5.2 硬盘录像机接口类型

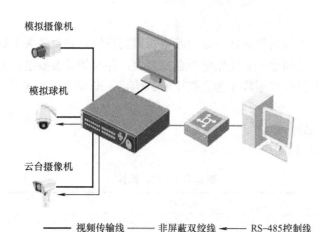

—— 视频传输线 —— 非屏蔽双绞线 ←—— RS-485 控制线

图 2.5.3 以硬盘录像机作为主机的闭路电视监控系统结构图

3）矩阵的接口含义。以安保隆 16×16（16 路视频输入，16 路视频输出）矩阵为例，矩阵的接线面板如图 2.5.4 所示。矩阵的接口类型可以归纳为以下几类：视频输入/视频输出、音频输入/音频输出、报警输入/报警输出、网络接口、USB 接口、RS-485 控制接口、电源接口。

4）以矩阵作为主机的闭路电视监控系统结构图。以矩阵作为主机的闭路电视监控系统结构图如图 2.5.5 所示。

图 2.5.4 安保隆 16×16 矩阵接线面板

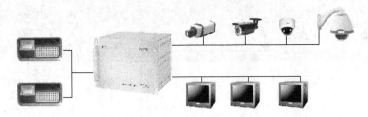

图 2.5.5 以矩阵作为主机的闭路电视监控系统结构图

四、任务实施

（一）任务目标

1）以硬盘录像机作为主机构建一套闭路电视监控系统，并对相关参数进行设置。

2）以矩阵作为主机构建一套闭路电视监控系统，并对相关参数进行设置。

3）同时以硬盘录像机和矩阵作为总控中心，构建一套闭路电视监控系统，要求两个主机都有输出。

（二）安装主、配件准备

主、配件见表 2.5.1。

表 2.5.1 主、配件

名　称	数　量	单　位
硬盘录像机	1	台
矩阵主机	1	台
云台	若干	个
解码器	1	个
摄像机	若干	个
显示器	2	个

（三）工具准备

使用的工具见表 2.5.2。

表 2.5.2　使用的工具

序　号	名　称	数　量	用　途
1	万用表	1 块	施工布线测试
2	电工多功能工具箱	1 套	布线施工、系统安装调试
3	设备使用说明书	2 套	调试用

（四）安装要求及注意事项

1）视频输入、输出要接正确，以免影响正常显示。

2）设备连接时要正确使用 BNC 接头，以免将接口弄坏。

3）接线完成前不能通电，以免烧坏设备。

（五）任务实施方法及步骤

1）以硬盘录像机作为主机构建一套闭路电视监控系统。

①将各个摄像机的视频输出依次插接到硬盘录像机的视频输入端口上。

②将前端设备的 RS-485 控制线接到硬盘录像机的 RS-485 端口上。

③将电源线接到摄像机上（可以采用集中供电，也可以采用现场供电）。

④通电调试。

2）以矩阵作为主机构建一套闭路电视监控系统。

①将各个摄像机的视频输出依次插接到矩阵主机的视频输入端口上。

②将前端设备的 RS-485 控制线接到矩阵主机的 COD 端口上。

③将电源线接到摄像机上（可以采用集中供电，也可以采用现场供电）。

④通电调试。

3）同时以硬盘录像机和矩阵作为总控中心，构建一套闭路电视监控系统。

①将各个摄像机的视频输出依次插接到硬盘录像机的视频输入端口上。

②利用硬盘录像机自带的环通端口，用视频线连接到矩阵主机的视频输入端口上。

③将前端设备的 RS-485 控制线同时接到硬盘录像机和矩阵主机上。

④将电源线接到摄像机上（可以采用集中供电，也可以采用现场供电）。

⑤通电调试。

五、课后思考与练习

1）硬盘录像机的作用有哪些？

2）矩阵主机的作用有哪些？

3）写出硬盘录像机和矩阵主机各接口的含义。

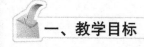

任务六　设备故障的判断与处理

一、教学目标

1）具备一定的设备故障维修能力。

2）熟悉摄像机故障的排查及处理。

3）熟悉主机故障的排查及处理。

 二、工作任务

1）对摄像机故障进行排查及处理。

2）对主机故障进行排查及处理。

 三、任务实施

（一）任务目标

1）显示器没图像，排查原因。

2）前端云台和镜头不能实现控制，排查原因。

（二）安装主、配件准备

主、配件见表2.6.1。

表2.6.1 主、配件

名 称	数 量	单 位
硬盘录像机（配鼠标）	1	台
矩阵主机（配专用操作键盘）	1	台
摄像机、解码器、云台	若干	个
显示器	2	个

（三）工具准备

使用的工具见表2.6.2。

表2.6.2 使用的工具

序 号	名 称	数 量	用 途
1	万用表	1台	施工布线测试
2	小一字螺钉旋具	1个	安装及接线用
3	长柄螺钉旋具	1个	安装及接线用
4	剥线钳	1把	安装及接线用

（四）要求及注意事项

1）要正确判断设备、系统故障。

2）处理故障的时候要先关掉电源，以免烧坏设备。

（五）故障判断及处理方法

1）摄像机故障。摄像机故障及处理方法见表2.6.3。

表 2.6.3 摄像机故障及处理方法

故障现象	故障原因	处理方法
通电后显示器无图像	1）摄像机电源线路或接口故障 2）摄像机视频线路或接口故障 3）显示器输入接口或主机输出接口有故障	1）检查电源线路、视频线路，检查外加电源极性是否正确，电压是否满足要求 2）检查视频输入、输出接口
图像不够清晰或颜色不正常	1）摄像机电源线路或接口故障 2）摄像机视频线路或接口故障 3）显示器输入接口或主机输出接口有故障	检查视频输入、输出接口
彩色失真	环境光照条件	1）若白平衡开关（AWB2）设置不当，应检查开关是否设置在 OFF 位置 2）应想办法改善环境的光照条件
画面竖直方向出现几道黑条	直流供电电压的纹波太大	改用性能好的直流稳压电源
画面竖直方向出现多道竖条	外接视频线或设备的特征阻抗与摄像机的特性阻抗不匹配而引起的反射造成	所选用的视频线和其他连接处理设备的特征阻抗是 75Ω

2）智能球机故障。智能球机故障及处理方法见表 2.6.4。

表 2.6.4 智能球机故障及处理方法

故障现象	故障原因	处理方法
无自检，无视频	1）电源故障 2）视频故障	1）检查电源是否正常。可用万用表测试智能球机电压，工作电压为 DC 12V，电流为 2.5A 2）检查一出三视频线与球机托顶是否接触好 3）检查一出三视频电源线是否完好
自检正常，但无法对云台和镜头进行控制	1）协议、地址、波特率设置不正确 2）智能球机的控制线 RS-485 的 A、B 接错	1）将协议、地址、波特率设置正确 2）将智能球机的控制线 RS-485 线的 A、B 交换接
一体机聚焦模糊	1）聚焦模式错误 2）线路问题 3）设备问题	1）查看是手动聚焦还是自动聚焦，可更换聚焦模式 2）检查是否走线过长，SYV75-5 的线长不超过 300m（视频线） 3）若以上问题都排除，则可能为一体机问题，可与代理商联系

3）硬盘录像机故障及处理方法。硬盘录像机故障及处理方法见表 2.6.5。

表 2.6.5 硬盘录像机故障及处理方法

故障现象	故障原因	处理方法
显示器显示画面有抖动感	显示刷新率设置过低	进入"显示属性"单击"设置"，选"高级"，再选"监视器"，把新频率调整到 75Hz，确定、退出后就可解决此问题

（续）

故障现象	故障原因	处理方法
图像显示只有图像没有操作按钮或画面不是充满整个屏幕	显示分辨率设置没有达到要求	将桌面分辨率设置成 1024×768，并将小字体改为大字体即可
无法循环录像或录像录满后死机	录像方式原因	确认现在所设置的录像方式是"一次录像"还是"循环录像"。其次，这种情况很可能和硬盘分区所使用的工具有关，建议不使用任何硬盘分区工具。Windows 98 最好是使用 FDISK 分区命令来进行分区。Windows 2000 则使用它本身带的分区工具来分区
无图像显示	1）显卡不兼容造成 2）PCI 接口接触不良好 3）板卡有损坏	1）可以进行 Direct Draw 测试，如果测试能通过，则不是第1）条原因 2）换一个 PCI 槽位测试 3）考虑换一张板卡并测试
实时监视的图像不清晰		通过调整视频的亮度、色度、对比度及饱和度的值以达到满意的效果
系统不能录像	1）没有设置录像模式 2）磁盘空间不够	1）设置录像模式（手动录像、定时录像） 2）增加磁盘空间

 四、课后思考与练习

1）某个摄像机在监视器上没显示图像，试分析其原因，并写出解决的方法。

2）智能球机的云台和镜头不受控制，试分析其原因，并写出解决的方法。

3）系统不能录像，试分析其原因，并写出解决的方法。

项目小结

1）闭路电视监控系统由摄像部分、传输部分、控制部分及显示部分四大块组成。

2）摄像机的主要技术参数有：CCD 靶面尺寸、水平分辨率、最低照度和信噪比等。

3）解码器的主要作用是接收控制中心的系统主机送来的编码控制信号，并进行解码，转换为控制动作的命令信号，再去控制摄像机及其辅助设备的各种动作（如镜头的变倍、云台的转动等）。安装位置：一般安装在摄像机附近。

4）解码器的拨码包括：ID 地址拨码、波特率拨码和协议拨码。

5）硬盘录像机作为主机，其主要作用是保存图像。

6）矩阵作为主机，其主要作用是方便控制前端镜头和云台。

项目三 门禁管理系统的安装与维护

门禁管理系统可以控制人员的出入，还可以控制人员在楼内及敏感区域的行为，并准确记录和统计管理数据，是一种数字化出入控制系统。它主要解决了企事业单位、学校、社区、办公室等重要场所的安全问题。门禁管理系统可有效管理门的开启与关闭，保证授权人员自由出入，限制未授权人员进入。

任务一 门禁管理系统的认知

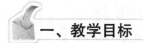

一、教学目标

1）熟悉门禁管理系统的各类设备。
2）熟悉门禁管理系统的结构图及工作原理。
3）熟悉门禁管理系统的功能。

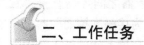

二、工作任务

1）画出门禁管理系统的结构图并写出其工作原理。
2）写出门禁管理系统的功能。

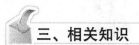

三、相关知识

（一）门禁管理系统结构图

门禁管理系统由门禁控制器、读卡器、电锁、出门按钮、电源、通信转换器及门禁管理软件等组成，其结构图如图3.1.1所示。

从结构图看出，门禁管理系统包含3个层次的设备。

1）底层：包含直接与人员打交道的设备，如读卡器、电锁和出门按钮等。作用：用来接收人员输入信息，再转换成电信号送到门禁控制器中，同时根据来自门禁控制器的信号，完成开锁、闭锁等工作。

2）中层：包含门禁控制主机（控制器）。作用：接收底层设备发来的有关人员信息，与自身存储的信息相比较以做出判断，然后再发出处理信息。

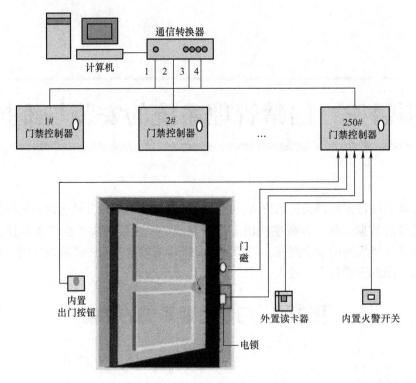

图 3.1.1　门禁系统结构图

3）顶层：包含计算机、门禁管理软件。作用：管理系统中所有的门禁控制器，向其发送控制命令，对其进行设置，接收其发来的信息，完成系统中所有信息的分析与处理。

（二）门禁管理系统工作原理

采用感应式技术，或称作射频（RF）技术，是一种在卡片与读卡器之间无需直接接触的情况下对卡片信息进行读写的技术。使用感应式读卡器，不再会因为接触摩擦而引起卡片和读卡器的磨损，也无需将卡插入孔内或在刷卡槽内刷卡，卡片只需在读卡器的读卡范围内晃动即可（见图3.1.2）。

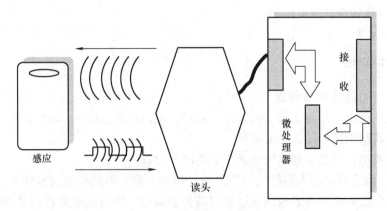

图 3.1.2　系统工作原理

在感应式技术应用中，读卡器不断通过其内部的线圈发出一个固有频率的电磁信号（激发信号）。当卡片放在读卡器的读卡范围内时，卡内的线圈在"激发信号"的感应下产生微弱的电流，作为卡内集成电路芯片的电源，而该卡内的集成电路芯片存储有设定时输入的唯一的数字辨识号码（ID），该号码从卡中反馈回读卡器，读卡器将接收到的无线信号传给门禁控制器，由门禁控制器进行信号处理并对执行装置发出指令。

具体使用中，持卡者进门（或双向读卡出门）时将卡片接近读卡器，合法卡信号通过门禁控制器传给电锁，电锁自动打开，非法卡被禁止访问。出门时只需按动出门按钮，电锁会自动打开。当非正常或暴力开门时，门磁输出报警信号，将报警信号传送给门禁控制器，系统以图像和声音信号报警。

（三）门禁管理系统基本特点

门禁管理系统是由分布式控制器组成的多层次模块化结构，采用分布式控制器接近控制点，所有分布式控制器在同一分层总线上自主工作，当一台控制器发生故障时，不会殃及整个系统。这充分体现了集中管理、分布控制的设计思想，减少了风险，增加了可靠度。根据系统不同，一台计算机可以控制多个门禁点，有的可控制 1020 个门禁点。

系统具有实时自检功能。对于典型故障，系统均以声音信号和文字告警提示。在计算机和控制器因为故障中断通信时，各点的控制器可以独立工作，门禁控制器内可以记录一定量的信息，当系统通信恢复后，信息会自动上传。但如果系统通信中断时间过长或短时间内信息量过大，可能出现部分信息被覆盖的情况。

（四）门禁管理系统功能

1）基于计算机的编程。操作员依据自己的操作权限在计算机上进行各种设定，如开门/关门、查看某一被控区域门开关状态情况以及授权卡或删除卡等。

2）卡片使用模式。采用非接触 IC 感应卡，每张卡具有唯一性，保密性极高。

3）出入等级控制。系统可任意对卡片的使用时间、使用地点进行设定，非属于此等级之持卡者被禁止访问，对非法进入行为系统会报警。有多种时间表可供选择。

4）实时监控功能。门户的状态和行为，都可实时反映于控制室的计算机中，如门打开/关闭、人员、时间、地点等。门开的时间超过设定值时，系统会报警。

5）电子地图功能。支持地图管理功能，可任意编制各楼层平面图，并可在地图上实时监控各门的状态。

6）记录存储功能。所有读卡资料均有计算机记录，便于在发生事故后及时查询。

7）时间程序管制。经设定，系统可在不同时间区段自动执行不同控制指令，如自动开灯或制冷设备。

8）顺序处理功能。任何警报信号发生或指定状态改变时，自动执行一连串的顺序控制指令。

9）双向管制。系统支持双向管制，特殊门户双向均需读卡，只读一次，卡就会失效。此功能既可防止卡片的后传，又可实时反映该场所实际人员情况。

10）首次进入自动开启。在设定的时间内（如上班高峰期），系统可在第一个持卡者进门后，自动保持开锁状态，直到某一设定时刻止。

11）高度自检功能。系统具有自检功能，典型故障可反馈给计算机，便于维修人员及时排除；在控制器数据与计算机数据不一致的情况下，系统会提示是否进行修整。

12）多级操作权限密码设定。系统软件针对不同级别的操作人员分配不同级别的操作权限，输入不同的密码可进入不同的控制界面。

13）远程监控。系统通过调制解调器（MODEM）在电话线上可实现远程控制，可自动拨号至预先指定的电话。或者在远程基站点有刷卡或者其他信息产生时自动向中心拨号,将数据实时向中心传送。

14)联动控制。系统可通过硬件触点连接或通过网关与闭路电视监控连接,实现防盗及消防报警系统间协调联动,如接到某些信号时自动打开某些门或关闭某些门。还可以通过内部的输入/输出点来联动其他的输入/输出点。可实现多组联动控制,例如当门禁/巡更、消防等系统发出报警时,启动现场摄像机。

15)用户密码功能和多卡开门功能。系统除了可以单独用卡进门以外,对于特殊门点,可通过采用带密码的读卡器实现读卡加密码开门的双重保安功能,或者使用超级密码方式进门(8位超级密码:使用键盘输入,不用读卡可开门),或可设置多卡刷卡后才可开门的方式,保证对高安全性场所的控制。

16)局域网控制功能。系统能运行于局域网,接受局域网上有权限的主机授权、控制;可接多条 RS-485 总线。

(五)门禁管理系统主要设备

1)门禁控制器,如图 3.1.3 所示。

2)读卡器,如图 3.1.4 所示。

读卡器是用来读取卡片中数据(生物特征信息)的设备,是一个直接同用户接触的门禁部件,它的作用是读取、识别进入者的身份信息。通常,身份信息可由卡片号码、个人密码、指纹或其他用以识别和证明个人身份的重要信息构成。

3)电锁,如图 3.1.5 所示。

4)发卡器,如图 3.1.6 所示。

图 3.1.3　门禁控制器

图 3.1.4　读卡器

图 3.1.5　电锁

图 3.1.6　发卡器

作用:制作授权卡和用户卡。

四、课后思考与练习

1)写出门禁管理系统的组成。

2)画出门禁管理系统的结构图。

3)门禁管理系统的主要设备有哪些?各有什么作用?

4)门禁管理系统的主要功能有哪些?

任务二 门禁管理系统设备的安装

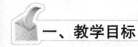

一、教学目标

1）能独立完成门禁管理系统设备的安装。
2）熟悉门禁管理系统设备的技术参数以及作用。
3）熟悉门禁管理系统设备的安装工艺及要求。

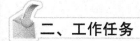

二、工作任务

1）清点设备的数量，包括各种零配件是否齐全。
2）按行业标准要求安装门禁控制器、读卡器、出门按钮及电锁等。

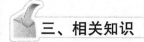

三、相关知识

（一）门禁控制器
下面以汇生通 DCU9010 门禁控制器为例介绍，如图 3.2.1 所示。
1）DCU9010 门禁控制器的标准功能：
• 可接多种读头。
• 支持自动识别 /Wiegand 26/Wiegand 27/Wiegand 34/Wiegand 36 格式输入。
• 支持生物识别技术。
• 支持多款带密码键盘的读卡器。
2）控制门数：两个门的单向或一个门的双向。
3）输入和输出：
• 2 组标准 RJ 45 读卡器输入端口，每组都可以独立同时进行手动输入设置。

图 3.2.1 门禁控制器

• 2 组标准门状态输入端口。
• 2 组出门按钮输入端口。
• 1 组控制器交流工作电源输入端口。
• 4 组电锁继电器输出端口（2 组门锁控制输出，2 组报警扩展输出）。
4）动态电压保护。
• 所有输入/输出均带动态电压保护。
• 所有电锁输出带瞬间过电压及短路保护。
• 所有对外输出电源与主板电源有隔离及短路保护。

5）网络通信。

• 一个 RS-485 网络通信口，可连接 127 个门禁控制器。

• RS-485 线总长可达 1200m。

• 通信速率：9600bit/s。

6）安全保护。

• RS-485 网络通信采用国内最先进的防雷技术，可抗击上万伏雷电冲击。

7）门禁控制数据库容量及性能。

• 每个控制器可容纳 60000 个持卡人和 1000 个带密码用户信息。

• 2 种可编程进入密码控制（卡带 4 位密码进入，8 位超级密码进入）。

• 内存 32KB FLASH，4MB SRAM。

8）技术参数：

• 工作电源：DC 15V/500mA 或 AC 12V/500mA。

• 输入参数：干触点开关输入 0 ~ 5V。

• 输出负载参数：DC 12V，工作电流 2A。

• 工作环境：温度：−25 ~ 80℃；相对湿度 0 ~ 90%。

• RJ 45 读卡器接口：电压 DC 12V，电流 150mA。

• 读卡器连接电缆：8 芯双屏蔽线，24AWG，最长 100m。

• 每个继电器有一个 LED（发光二极管）状态指示。

• 主板尺寸：200mm × 10.5mm。

• 外箱尺寸：360mm × 280mm × 70mm。

9）接线说明：

• 出门按钮：　　　　　　　RELEASE、GND

• 门磁：　　　　　　　　　SENSOR、GND

• 电锁：　　　　　　　　　根据电锁类型选择 LOCK NO、COM 或 LOCK NC、COM

• 报警输出：　　　　　　　根据报警设备选择 ALARM NO、GND 或 ALARM NC、COM

• 联网通信端口：　　　　　RS-485A、RS-485、BGND

• 电锁电源：　　　　　　　EXT DC +、EXT DC −，根据电锁电源要求进行选择

当 EXT DC + 和 EXT DC − 输入 DC 12V 电源时，J1、J2 左短路时，电锁输出和报警输出继电器输出为无源干触点；右短路时，输出为 DC 12V。

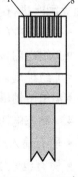

• 控制器电源：　　　　　　AC 12V（或 DC 15V 无极性接入）

• 读卡器端口：　　　　　　READER1、READER2

• RJ 45 插座定义（如图 3.2.2 所示）：

1、2　　GND　　　　　　直流地

3　　　　RED LED　　　　红色指示灯

4　　　　GREEN LED　　　绿色指示灯

5　　　　DATA0/CLOCK　　数据 0 或时钟

6　　　　DATA1　　　　　 数据 1

7、8　　+12V　　　　　　直流电源

图 3.2.2　RJ 45 插座

（二）读卡器

引线定义：

- 红色：DC +6～12V 电源。
- 黑色及屏蔽线：直流电源地。
- 绿色：DATA0（数据 0）。
- 白色：DATA1（数据 1）。
- 棕色：绿色 LED 控制端（阴极）。

（三）发卡器

发卡器背面有一个 RS-232 通信接口和一个电源接口。其中 RS-232 通信接口为标准 DB9 针接口。

 四、任务实施

（一）任务目标

1）按照规范安装好门禁控制器、读卡器、电锁和出门按钮。

2）正确地对门禁控制器、读卡器、电锁和出门按钮进行接线。

3）通电测试。

（二）安装主、配件准备

主、配件见表 3.2.1。

表 3.2.1　主、配件

名　称	数　量	单　位	名　称	数　量	单　位
门禁控制器	1	个	电锁	1	个
读卡器	1	个	出门按钮	1	个
发卡器	1	个			

（三）工具准备

使用的工具见表 3.2.2。

表 3.2.2　使用的工具

序　号	名　称	数　量	用　途
1	万用表	1 块	施工布线测试
2	电工多功能工具箱	1 套	布线施工、系统安装调试
3	产品说明书	1 份	安装接线用

（四）设备安装注意事项

1）系统接线要规范，如图 3.2.3 所示。

2）接线柱的接法要规范，如图 3.2.4 所示。

3）功能相同的接线，接线颜色要统一，如图 3.2.5 所示。

4）系统通信线、电源线要独立分开，如图 3.2.6 所示。

图 3.2.3　卧式接法　　　　　　　图 3.2.4　接线柱的规范接法

图 3.2.5　统一颜色的线　　　　　图 3.2.6　电源线、通信线分开端接

5）后备电池的接线要接好。

6）门禁控制器箱要锁好，如图 3.2.7 所示。

（五）安装方法

1. 门禁控制器的安装

1）连线要求。

• 电源线：主电源线——普通 13A 电源线；其他电源线——4 芯屏蔽线，其规格为 22AWG 及以上。

图 3.2.7　控制器上锁

• 通信线：2 芯屏蔽双绞线（匹配 RS-422 通信及 RS-485 通信），其规格为 22AWG 及以上（即直径 0.64mm 及以上）。

• 网线：标准网络用线，采用 TCP/IP 通信的控制器与 HUB（或 SWITCH）的距离不应超出 10m。

2）安装位置要求。门禁控制器箱与电源箱须安装于楼房内，以防外界碰触、破坏。一般情况下，安装和隐藏于楼房的天花板上。

注意：在硬件设置未完成之前，请不要插上主电源。

3）系统连线（标准 RS-485 通信模式）。系统连线如图 3.2.8 所示。

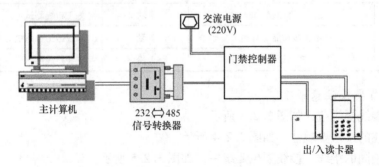

图 3.2.8　系统连线

注意： 此为标准 RS-485 通信的系统连线，通信线需要 2 芯，信号转换器的输出信号为单工的 RS-485 信号。

2. 读卡器的安装

1）连线要求。同门禁控制器连线要求。

2）安装位置要求。读卡器一般安装在门两边，以读卡器与地面距离为 130~140cm 为宜（见图 3.2.9、图 3.2.10）。

图 3.2.9　门前布置　　　　　　　　　　图 3.2.10　门后布置

3）读卡器与门禁控制器的连接如图 3.2.11 所示。

3. 电锁的安装

1）连线要求。电源线——4 芯屏蔽线，其规格为 22AWG 及以上。

2）电锁与门禁控制器的连接如图 3.2.12 所示。

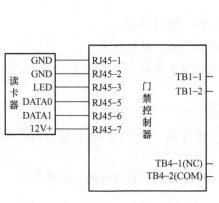

图 3.2.11　读卡器与门禁控制器的连接　　　图 3.2.12　电锁与门禁控制器的连接

4. 布线、施工要求

1）通信线长度要求。

- 主通信线最大长度：1200m。
- 门禁控制器与读卡器间的通信线最大长度：100m。

- 门禁控制器与读卡器之间的电源线最大长度：30m。

2）门禁控制器与门禁控制器间布线要求。

在布主通信线时，须将门禁控制器手拉手连接起来（即平常所说的并联，见图3.2.13），不建议星形联结。

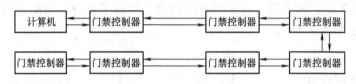

图3.2.13　门禁控制器与门禁控制器间的连接

- 布通信线时尽量避开干扰源，如交流电、空调以及大功率大电流电器等。
- 将通信线的屏蔽线和多余的线接地。
- 布门禁控制器主通信线时，必须使用同一规格的线，即用四芯双绞屏蔽信号线。
- 不宜和其他通信线合用一条PVC管或线槽，以免互相影响。

3）门禁控制器与读卡器间布线要求。

- 布通信线时尽量避开干扰源，如交流电、空调以及大功率大电流电器等。
- 门禁控制器与读卡器之间的距离不能拉得太远，以免电源信号衰减而影响读卡器的供电。
- 将通信线的屏蔽线和多余的线接地，可以接在门禁控制器的CON12（SHIELD GND）上，以避免外界干扰。
- 若电源线长在15m以上，由于衰减的原因，建议在近读卡器电源端并接一个1000μF/25V的电解电容，滤去纹波，增加电源的稳定性（不建议通信线间合用一条线，以免影响通信质量，即传送速度变慢或数据传送错误）。

4）室内布线设计。

- 室内布线一般应采用金属管、硬质或半硬质塑料管、塑料槽等。
- 布线使用的非金属管材、线槽及附件应采用不燃或阻燃性材料制成。
- 选用管线应至少留有1/3的裕量，线槽的内截面应至少留有1/3的裕量。
- 设备至接线盒或管线间的连线应加软管保护。
- 信号线不能与照明线、电力线同管（同槽），同出线盒，同连接箱。
- 在管内或槽内穿线，应在建筑抹灰及地面工程结束后进行，穿线前应将管内或线槽内积水及杂物清除干净，进入管内的导线应平直，无插头和扭结。
- 系统中不同电压等级、不同电流类别的导线，不应穿在同一管内或同一线槽内。
- 导线接头应在接线盒内焊接或用端子连接。
- 明管线走向及安装位置应与室内装饰布局协调。
- 在垂直布线与水平布线的交叉处要加装分线盒以保证接线的牢固和外观整洁。
- 当导线在地板下、天花板内或穿墙时，要将导线穿入管内。
- 在多尘或潮湿场所，管线接口应作密封处理。
- 管线两固定点之间的距离不能超过1.5m。

五、课后思考与练习

1）写出读卡器各接线端口的含义。

2）画出读卡器、电锁与门禁控制器的接线图。

3）各通信线的最大长度是多少？

4）写出门禁控制器的作用。

5）写出设备连接的注意事项。

任务三　IC 卡发行操作以及软件的使用

一、教学目标

1）会制作新的授权卡和用户卡。

2）会增加用户卡。

3）会使用软件完成各种设置。

二、工作任务

1）制作新的授权卡和用户卡。

2）利用软件增加卡片（数量由教师决定）。

3）完成软件的各种设置。

三、任务实施

（一）任务目标

1）熟悉发卡器的使用，制作授权卡和用户卡（知道授权卡和用户卡的区别）。

2）利用门禁管理软件增加卡片。

3）根据教师要求完成卡片的权限设置、属性设置等。

（二）设备主、配件

设备主、配件见表 3.3.1。

表 3.3.1　设备主、配件表

名　　称	数　量	单　位	名　　称	数　量	单　位
门禁控制器	1	个	电锁电源	1	个
读卡器	1	个	出门按钮	1	个
发卡器	1	个	管理计算机	1	台
电锁	1	个			

（三）工具准备

使用的工具见表3.3.2。

表 3.3.2　工具准备

序　号	名　称	数　量	用　途
1	万用表	1个	安装接线用
2	工具箱	1个	安装接线用
3	说明书	1本	操作用

（四）要求及注意事项

1）操作前确定系统接线正确。

2）严格按照用户需求进行。

（五）制作授权卡和用户卡方法（以汇生通门禁管理系统软件为例）：

1）进入IC卡发卡系统。双击图标，将弹出图3.3.1所示对话框。

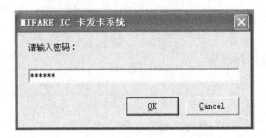

图3.3.1　进入IC卡发卡系统

在此对话框输入系统密码，系统密码默认为"system"。进入系统后用户可自行更改密码。输入密码后，单击"OK"按钮，进入图3.3.2所示系统主界面。

图3.3.2　IC卡发卡系统界面

　　IC 卡发卡系统主界面的各项操作可以通过单击功能按钮来完成。首先与正确的串口连接，然后单击"连接发卡器"按钮，当听到"滴"的一声响时，表明发卡器已经正确连通，发卡系统已可以正常使用。

　　2）制作授权卡。在主界面单击"制作授权卡"按钮，将出现图 3.3.3 所示的制作授权卡界面。

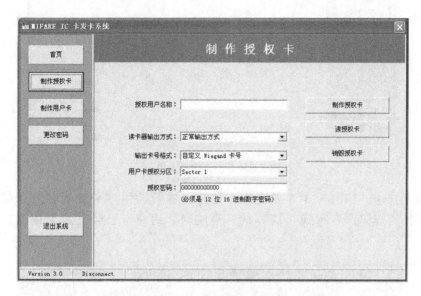

图 3.3.3　制作授权卡界面

　　在此界面的授权卡资料中输入对应资料：授权用户名称、读卡器输出方式、输出卡号格式、用户卡授权分区及授权密码。

　　①读卡器输出方式分为正常输出方式和连续输出方式。

　　正常输出方式为某张卡在感应区内读卡后，必须离开感应区才能重新读卡。

　　连续输出方式可以连续读取感应区内的卡片，不需卡片退出即可重新读卡。

　　②输出卡号格式分为物理卡号及自定义 Wiegand 卡号。

　　③用户卡授权分区可分为 16 个分区，选择对应的区域可把卡号写入该区域中，其他区域仍可开放给另外的系统使用。

　　④在授权密码中用户可输入自定义的密码（12 位数），通过此密码制作的授权卡、用户卡及读卡器都相互验证，以区分其他客户的系统。输入以上资料后，放空白卡，听到"滴"一声表示授权卡制作成功。

　　3）制作用户卡。在主界面（见图 3.3.3）单击"制作用户卡"按钮，将出现图 3.3.4 所示的制作用户卡界面。

　　①授权卡登录。把已经制作好的授权卡放在读卡器上，单击图 3.3.4 右侧的"授权卡登录"按钮，就能显示授权卡的信息，此时界面如图 3.3.5 所示。

　　②发用户卡。在填入需要制作的用户卡信息：编码类型、韦根区号、韦根卡号，再把需要制作的空白卡放在发卡器上，单击"制作用户卡"按钮，当听到"滴"的一声响时，便有一条发卡记录被添加到界面中，这时表示发用户卡成功。可以通过选择制卡后卡号自动加一来连续发卡。

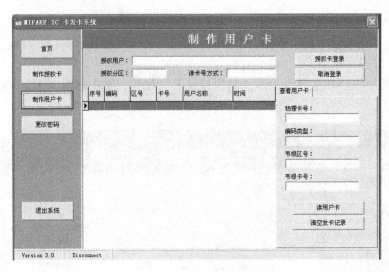

图 3.3.4　制作用户卡界面

③销毁用户卡。在图 3.3.5 界面中，把需要销毁的用户卡放置在发卡器上，单击"销毁用户卡"按钮，当听到"滴"的一声响时，用户卡已经被还原成出厂的原始空白卡。

图 3.3.5　制作用户卡界面

如图 3.3.5 所示，用 3#授权卡制作了 6 张用户卡，区号为"0"，卡号为"13、14、15、16、17、18"，之后退出发卡系统。

4）开通权限。

①准备工作。正确启动服务器，右下角有两个服务器要启动，图标为"　"，其中"　"服务器主要完成端口设置，及软件里面其他设置，单击图标打开后如图 3.3.6 所示，根据计算机接口选择正确的 COM 口。

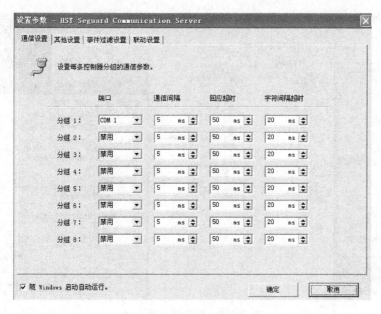

图 3.3.6　设置参数

另一个为数据库服务器，单击图标打开后如图 3.3.7 所示，其中服务器名称要跟软件里面设置的一致。在门禁管理系统软件安装目录下，如图 3.3.8 所示，双击"数据链接"图标，在弹出的"数据链接属性"对话框中对相关项进行设置，其中"选择或输入服务器名称"必须和图 3.3.7 上服务器名称要一致，否则打开门禁管理软件会显示无法连接数据。

图 3.3.7　数据库服务器界面

②读卡器授权。当未被授权的读卡器加电后，读卡器绿色指示灯闪烁（灯闪烁状态不受外部控制），指示读卡器等待授权。此时用户可以使用自己的系统授权卡对读卡器进行授权。当读卡器检测到系统授权卡时，将授权卡内的授权信息保存到读卡器安全模块内，并发出提示音，退出授权状态进入正常读卡状态。被授权的读卡器只识别有本系统授权标志的卡。

5）软件开通权限。双击门禁管理系统软件，界面如图 3.3.9 所示，默认密码为"system"。

图 3.3.8　服务器名称一致

图 3.3.9　进入门禁管理系统软件界面

　　登录成功后可以先查看在线的门禁控制器。选择菜单命令"控制器"→"控制器属性"，可以看到在线的门禁控制器，如图 3.3.10 所示。如果需要的门禁控制器不在线就要检查一下通信线路。

　　如果需要的门禁控制器在线，就可以进行下一步操作。

　　①设置部门。选择菜单命令"用户"→"设置部门"，输入相应的部门，如图 3.3.11 所示。

　　②卡片注册。选择菜单命令"用户"→"卡注册表"，进行卡片注册。如刚才制作了 6 张用户卡，起始卡号为"13"，输入后单击"增加批次"，之后单击"是"，如图 3.3.12 所示，系统就会将刚刚发卡成功的用户卡注册成功。系统卡注册表里就会显示出刚刚注册成功的卡。

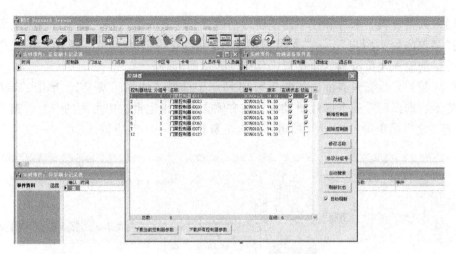

图 3.3.10　门禁控制器在线状态界面

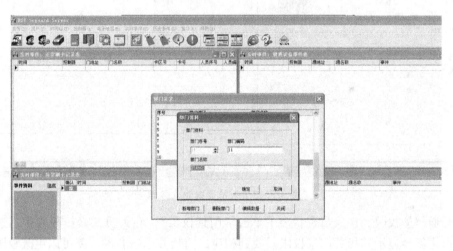

图 3.3.11　设置部门界面

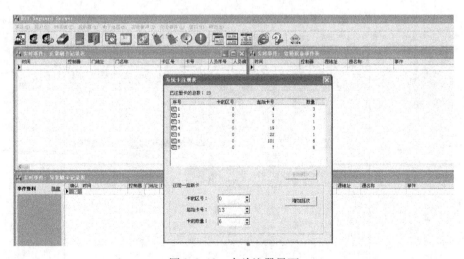

图 3.3.12　卡片注册界面

③输入人员资料。卡片和读卡器注册成功后就要输入人员资料，将卡片与人员绑定。

选择菜单命令"用户"→"人员资料"，如果没有提前输入人员资料，单击"新增"；如果已经提前输入人员资料，直接双击相应的人员即可。

在输入相关人员资料界面，如图 3.3.13 所示，选择"使用门禁卡"，单击"卡库"，找到相应的卡。选择对应的卡库注册批次，在右侧会显示指定批次中可用的卡号，选中一张单击"确定"之后再单击"确定"即可。将人员资料和卡一一对应输入。

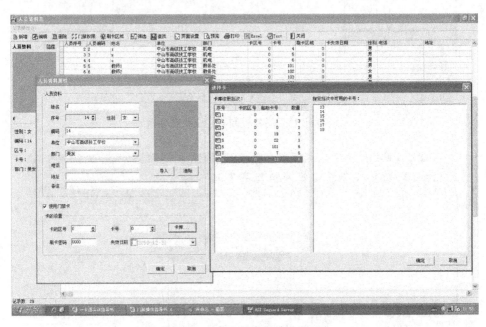

图 3.3.13　人员资料输入界面

④开通门禁权限。在人员资料表中单击"门禁权限"，在人员门禁权限表中，选中某个人员，右边就会显示其相关门禁权限。找到相应的门禁并单击右键，就可以更改权限。可以"禁止通行""24hour"通行，还可以设置相关时间段内通行。具体如图 3.3.14 所示。

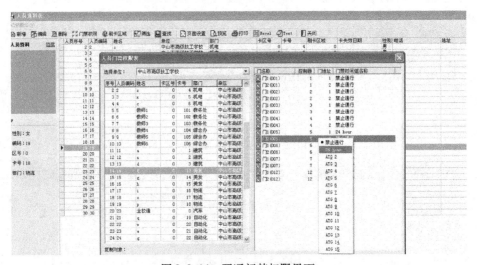

图 3.3.14　开通门禁权限界面

以上设置完成后就可以刷卡了。

⑤加载数据。选择菜单命令"控制器"→"控制器属性",界面如图 3.3.15 所示。

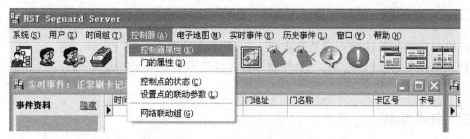

图 3.3.15 打开控制器属性界面

打开后界面如图 3.3.16 所示,单击"下载所有控制器参数",之后等待"校验"部分打钩后数据才下载完毕。

图 3.3.16 下载数据界面

四、课后思考与练习

1)如何制作授权卡和用户卡?

2)如何增加卡片?

3)如何设置权限?

任务四 设备故障的判断与处理

一、教学目标

1)能独立完成故障排查。

2)会对故障进行判断。

3）会处理常见故障。

二、工作任务

1）将门禁控制器连接到计算机主机上。
2）在门禁管理软件中搜索门禁控制器，若搜索不到，分析其原因。

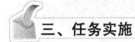

三、任务实施

（一）任务目标
1）判断系统故障。
2）对故障进行分析及处理。

（二）设备主、配件
设备主、配件见表3.4.1。

表3.4.1　设备主、配件

名　　称	数　　量	单　位	名　　称	数　　量	单　位
门禁控制器	1	个	出门按钮	1	个
读卡器	1	个	电锁电源	1	个
发卡器	1	个	管理计算机	1	台
电锁	1	个			

（三）工具准备
使用的工具见表3.4.2。

表3.4.2　使用的工具

序　　号	名　　称	数　　量	用　　途
1	万用表	1台	施工布线测试
2	小一字螺钉旋具	1个	安装及接线用
3	小十字螺钉旋具	1个	安装及接线用
4	长柄螺钉旋具	1个	安装及接线用
5	剪刀	1把	布线用

（四）要求及注意事项
1）要正确判断设备、系统故障。
2）处理故障的时候要先关掉电源，以免烧坏设备。

（五）故障分析及处理方法
1）扫描不到设备。扫描不到设备的故障原因及故障排除方法见表3.4.3。

表 3.4.3　扫描不到设备的故障原因及故障排除方法

原　　因	故障排除方法
设备未曾上电	接通设备的电源
设备的通信总线接错	重新校对通信总线的接线
设备的通信总线接触不良	观察门禁控制器中与 PC 通信的 LED 指示灯
设备的通信总线过长	将多余的通信总线去掉，保证通信总线的长度在 1200m 之内（RS-485 通信）
主计算机的串行通信口设置有误	将主计算机的串行通信口设置正确

2）可以扫描设备，但不能更改设备上的内容（或浏览不到设备上的时间）。其故障原因及故障排除方法见表 3.4.4。

表 3.4.4　可以扫描设备，但不能更改设备上的内容的故障原因及故障排除方法

原　　因	故障排除方法
设备的通信总线过长	将多余的通信总线去掉，保证通信总线的长度 1200m 之内（RS-422 通信）
通信总线损耗过大	在 RS-232/RS-422 信号转换器的 T＋与 T－之间、R＋与 R－之间分别加上 120Ω 的匹配电阻；在门禁控制器的 T＋与 T－之间、R＋与 R－之间分别加上 120Ω 的匹配电阻

四、课后思考与练习

1）打开门禁管理系统软件，在上面扫描不到门禁控制器，请分析其原因。

2）设备的通信线路过长会导致什么后果？

3）结合所学内容，说说设备的通信总线指的是哪些接线。

项目小结

1）门禁管理系统由门禁控制器、读卡器、电锁、出门按钮、电源、通信转换器及门禁管理软件等组成。

2）门禁管理系统的功能。

3）门禁控制器的功能。

4）读卡器与门禁控制器的连接方法。

5）门禁控制器、读卡器、电锁、开门按钮的安装、接线要求。

6）门禁管理软件的设置。

7）卡片的制作。

项目四　可视对讲系统的安装与维护

可视对讲系统是指安装在住宅小区、单元楼、写字楼等建筑或建筑群，用图像和声音来识别来访客人并控制门锁，遇到紧急情况向管理中心发送求助、求援信号，管理中心亦可向住户发布信息的设备集成。本项目以海湾 GST-DJ 6000 系列为例。

任务一　可视对讲系统的认知

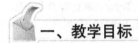

一、教学目标

1）熟悉可视对讲系统的各类设备。

2）熟悉可视对讲系统的结构及工作原理。

3）熟悉可视对讲系统的功能。

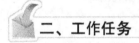

二、工作任务

1）画出可视对讲系统的结构并写出其工作原理。

2）写出可视对讲系统的功能。

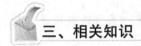

三、相关知识

（一）可视对讲系统概述

住宅小区楼宇对讲系统有可视型与非可视型两种基本形式。楼宇对讲系统把楼宇的入口、住户及小区物业管理部门三方面的通信包含在同一网络中，成为防止住宅小区受非法入侵的重要防线，有效地保护了住户的人身和财产安全。

可视对讲系统是采用计算机技术、通信技术、CCD 摄像及视频显像技术而设计的一种访客识别的智能信息管理系统。

楼门平时处于闭锁状态，避免非本楼人员未经允许进入楼内。本楼内的住户可以用钥匙或密码开门、自由出入。当有客人来访时，需在楼门外的室外主机键盘上按出被访住户的房间号，呼叫被访住户的室内分机，接通后与被访住户的主人进行双向通话或可视通话。通过对话或图像确认来访者的身份后，住户主人允许来访者进入，就用室内分机上的开锁按键打开大楼入口门上的电磁锁，来访客人便可进入楼内。

住宅小区的物业管理部门通过管理中心机，对小区内各对讲系统的工作情况进行监视。如有住宅楼入口门被非法打开或对讲系统出现故障，管理中心机会发出报警信号并显示出报警的内容和地点。

（二）可视对讲系统的结构

系统结构如图4.1.1所示。

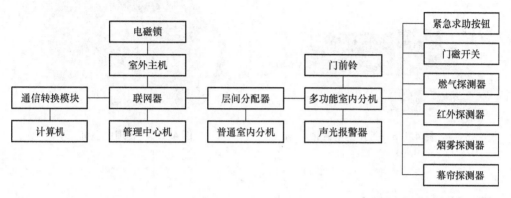

图4.1.1 系统结构

（三）可视对讲系统的功能

1）管理中心机可实现与室内分机及室外主机的通话，并能观看到室外主机传过来的视频图像。

2）室内分机能够将大门上的电磁锁打开，让访客进入；能够实现住户间的通话，成为免费的内部电话；能够向管理中心机发出求助信号，寻求保安的帮助。

3）住户可凭门禁卡自由出入，如果忘记带门禁卡，还可通过室外主机与管理中心机向保安求助，让保安在控制室将门打开。

（四）可视对讲系统的主要设备

1）可视室外主机：如图4.1.2所示，是安装在住宅楼防盗门入口处的选通、对讲控制装置。

2）室内分机：是安装在各住户的通话对讲及控制开锁的装置，可以分成可视室内分机和非可视室内分机两种，如图4.1.3和图4.1.4所示。

3）电磁锁：常用的电磁锁如图4.1.5所示。

图4.1.2 可视室外主机

图4.1.3 可视室内分机

图4.1.4 非可视室内分机

4）管理中心机：如图4.1.6所示，是安装在小区物业管理部门的通话对讲设备，并可控制各单元防盗门电磁锁的开启。

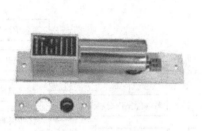

图4.1.5　常用的电磁锁　　　　　　　　图4.1.6　管理中心机

四、课后思考与练习

1）画出可视对讲系统的结构。

2）可视对讲系统的功能有哪些？

3）可视对讲系统的主要设备有哪些？

任务二　管理中心机的安装

一、教学目标

1）能独立完成管理中心机的安装与接线。

2）熟悉管理中心机的构成。

3）熟悉管理中心机的安装工艺及要求。

二、工作任务

1）熟悉管理中心机端口的含义。

2）按行业标准要求安装管理中心机。

三、相关知识

（一）管理中心机简介

小区物业管理中心是系统的神经中枢，管理人员通过设置在小区物业管理中心的管理中心机管理各子系统的终端，各子系统的终端只有在小区物业管理中心的统一协调、管理及控制下，才能有效正常地工作。管理中心机的主要功能是接收住户呼叫、与住户对讲、报警提示、开单元门、呼叫住户、监视单元门口、记录系统各种运行。

（二）管理中心机的特性

1）按键简洁大方，易于操作。

2）磨砂板面，经久耐用。

3）触摸屏采用中文式菜单操作，图文并茂。

4）自带镜头（可外接），角度可转动。

5）可实现双向可视对讲。

（三）管理中心机的技术参数

1）CPU：ARM-DM320。

2）显示屏：7 in TFT 数字宽屏，分辨率 800×480。

3）高容量事件存储：500 条（可扩展到 8GB）。

4）外形尺寸：300mm×190mm×120mm（宽×高×厚）。

（四）管理中心机的接线端口及其含义

管理中心机的接线端口如图 4.2.1 所示。

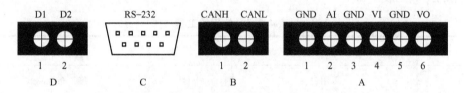

图 4.2.1 管理中心机的接线端口

管理中心机的接线端口含义及接线说明见表 4.2.1。

表 4.2.1 管理中心机的接线端口含义及接线说明

端口号	序号	端子标识	端子名称	连接设备名称	注释
端口 A	1	GND	地	室外主机或矩阵切换器	音频信号输入端口
	2	AI	音频入		
	3	GND	地		视频信号输入端口
	4	VI	视频入		
	5	GND	地	监视器	视频信号输出端口，可外接监视器
	6	VO	视频出		
端口 B	1	CANH	CAN 正	室外主机或矩阵切换器	CAN 总线端口
	2	CANL	CAN 负		
端口 C	1～9		RS-232	计算机	RS-232 接口，接上位计算机
端口 D	1	D1	18V 电源	电源箱	给管理中心机供电，电源采用 DC 18V，无极性之分
	2	D2			

四、任务实施

（一）任务目标

1）认真阅读表4.2.1，理解好每一个端口的含义。

2）按照规范安装好管理中心机。

（二）安装主、配件准备

主、配件见表4.2.2。

表4.2.2　主、配件

名　　称	数　　量	单　　位
管理中心机	1	台
联网器	1	台
通信电缆	若干	根

（三）工具准备

使用的工具见表4.2.3。

表4.2.3　使用的工具

序　号	名　　称	数　　量	用　　途
1	万用表	1台	施工布线测试
2	小一字螺钉旋具	1个	安装及接线用
3	小十字螺钉旋具	1个	安装及接线用
4	长柄螺钉旋具	1个	安装及接线用
5	剪刀	1把	布线用

（四）安装要求及注意事项

1）当管理中心机处于CAN总线的末端时，需在CAN总线接线端口处并接一只120Ω、1/4W的电阻（即并接在CANH与CANL之间）。

2）布线要求：视频信号线采用SYV75-3同轴电缆。

（五）安装方法及步骤

第一步：在安装的位置定好4个孔位（水平方向的两个孔位距离是291mm，垂直方向的两个孔位距离是147mm），如图4.2.2所示。

第二步：将管理中心机底板的安装孔对准安装位置的孔位，拧紧螺钉。安装好的管理中心机效果如图4.2.3所示。

第三步：完成管理中心机与联网器的接线，如图4.2.4所示。

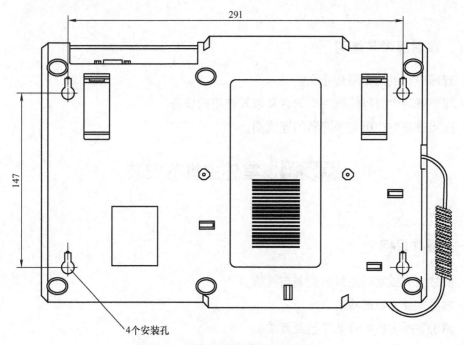

图 4.2.2　孔位

图 4.2.3　管理中心机安装效果

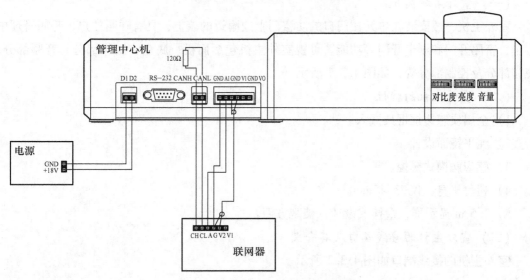

图 4.2.4　管理中心机与联网器接线

五、课后思考与练习

1）管理中心机的作用是什么？

2）写出管理中心机接线端口的含义以及连接的设备。

3）画出管理中心机与联网器的连线图。

任务三 室外主机的安装

一、教学目标

1）能独立完成室外主机的安装与接线。

2）熟悉室外主机的特性。

3）熟悉室外主机的安装工艺及要求。

二、工作任务

1）熟悉室外主机的端口含义。

2）按行业标准要求安装室外主机。

三、相关知识

（一）室外主机简介

室外主机一般安装在单元楼门口的防盗门上或附近的墙上，具有呼叫住户、呼叫管理中心机、密码开门和刷卡开门等功能。可视室外主机包括面板、底盒、操作部分、音频部分、视频部分及控制部分等，如图4.3.1所示。

（二）室外主机的特性

1）金属质感边框框架嵌入。

2）纯平镜面设计。

3）感应触摸式键控。

4）超薄机身，仅23.45mm。

5）3.5 in显示屏，壁挂式设计，美观方便。

（三）室外主机的接线端口及其含义

室外主机的接线端口如图4.3.2所示。

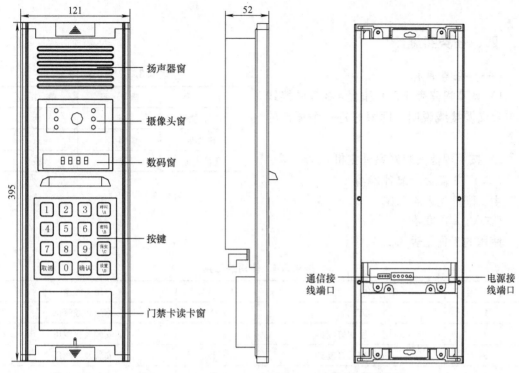

图 4.3.1　可视室外主机

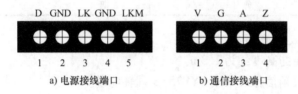

a) 电源接线端口　　　　　b) 通信接线端口

图 4.3.2　室外主机接线端口

室外主机的接线端口含义及接线说明见表 4.3.1 和表 4.3.2。

表 4.3.1　电源接线端口含义及接线说明

接线端口	标　识	名　称	与总线层间分配器连接关系
1	D	电源	接电源，+18V
2	GND	地	接电源地
3	LK	电控锁	接电控锁正极
4	GND	地	接锁地线
5	LKM	电磁锁	接电磁锁正极

表 4.3.2　通信接线端口含义及接线说明

接线端口	标　识	名　称	连接关系
1	V	视频	接联网器室外主机接线端口 V
2	G	地	接联网器室外主机接线端口 G
3	A	音频	接联网器室外主机接线端口 A
4	Z	总线	接联网器室外主机接线端口 Z

四、任务实施

（一）任务目标

1）认真阅读表4.3.1和表4.3.2的接线端口含义及接线说明，理解好每一个端口的含义。

2）按照规范安装好室外主机。

（二）安装主、配件准备

主、配件见表4.3.3。

（三）工具准备

使用的工具见表4.3.4。

表4.3.3　主、配件

名　　称	数　　量	单　　位
室外主机	1	台
联网器	1	只
通信电缆	若干	根

表4.3.4　使用的工具

序　　号	名　　称	数　　量	用　　途
1	万用表	1台	施工布线测试
2	小一字螺钉旋具	1个	安装及接线用
3	小十字螺钉旋具	1个	安装及接线用
4	长柄螺钉旋具	1个	安装及接线用
5	剪刀	1把	布线用

（四）安装要求及注意事项

1）室外主机安装的高度约为1.3m。

2）布线要求：视频信号线采用SYV75-3同轴电缆。

（五）安装方法及步骤

1）门上开好孔位。

2）把传送线连接在线排上，插接在室外主机上。

3）把室外主机和嵌入后备盒放置在门板的两侧，用螺钉牢固固定。

4）盖上室外主机上、下方的小盖。

安装过程分解图如图4.3.3所示。

安装的效果图如图4.3.4所示。

室外主机与联网器的接线示意图如图4.3.5所示。

 五、课后思考与练习

1）室外主机一般安装在小区的什么位置？

2）室外主机的功能有哪些？

3）室外主机由什么部件组成？

4）写出室外主机各接线端口的含义以及连接的设备。

5）画出室外主机与联网器的连线图。

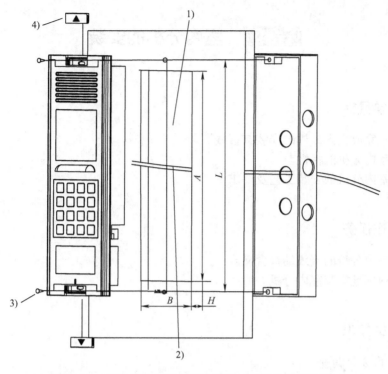

图 4.3.3 室外主机安装过程分解图（按标注顺序分解）

图 4.3.4 室外主机安装效果图

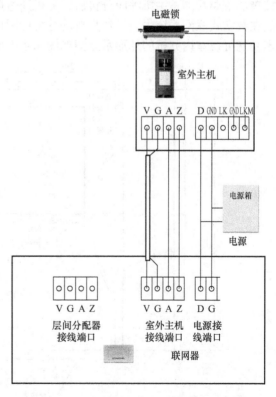

图 4.3.5 室外主机与联网器接线示意图

任务四 室内分机的安装

一、教学目标

1）能独立完成室内分机的安装与接线。

2）熟悉室内分机的特性。

3）熟悉室内分机的安装工艺及要求。

二、工作任务

1）熟悉室内分机的接线端口含义。

2）按行业标准安装室内分机。

三、相关知识

（一）室内分机简介

室内分机由分机底座及分机手柄组成。最基本的功能按键有开锁按键和呼叫按键。开锁按键的主要功能是主机呼叫分机后，分机通过此按键开启门口电磁锁；呼叫按键的主要功能是在数字式联网系统中，当住户按动分机的呼叫按键时，管理中心可以显示住户房间号码。多功能可视室内分机的外形示意图如图 4.4.1 所示。

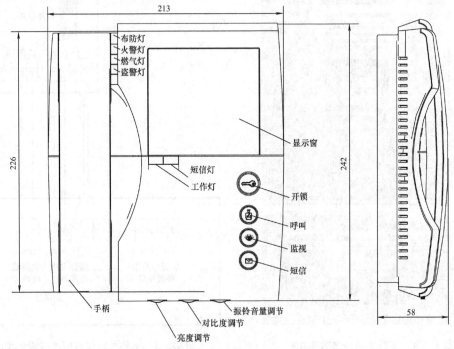

图 4.4.1 多功能可视室内分机外形示意图

普通非可视室内分机的外形示意图如图4.4.2所示。

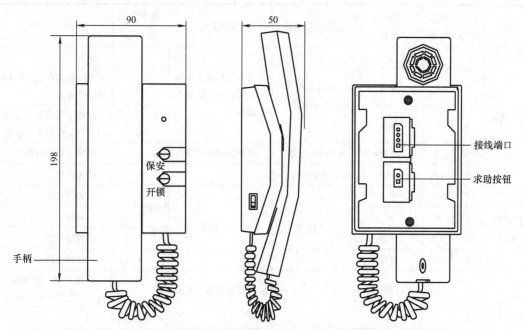

图4.4.2　普通非可视室内分机外形示意图

（二）多功能可视室内分机的接线端口及其含义

多功能可视室内分机的接线端口如图4.4.3所示。

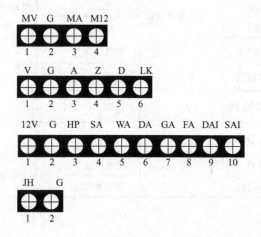

图4.4.3　多功能可视室内分机接线端口

多功能可视室内分机的接线端口含义及接线说明见表4.4.1。

表4.4.1　多功能可视室内分机的接线端口含义及接线说明

端口	端口序号	端口标识	端口名称	连接设备名称	连接设备端口	连接设备端口号	说　明
主干端口	1	V	视频	层间分配器/门前铃分配器	层间分配器分支端口/门前铃分配器主干端口	1	单元视频/门前铃分配器主干视频

（续）

端口	端口序号	端口标识	端口名称	连接设备名称	连接设备端口	连接设备端口号	说　明
主干端口	2	G	地	层间分配器/门前铃分配器	层间分配器分支端口/门前铃分配器主干端口	2	地
	3	A	音频			3	单元音频/门前铃分配器主干音频
	4	Z	总线			4	层间分配器分支总线/门前铃分配器主干总线
	5	D	电源	层间分配器	层间分配器分支端口	5	室内分机供电端口
	6	LK	开锁	住户门锁		6	接电控锁
门前铃端口	1	MV	视频	门前铃	门前铃	1	门前铃视频
	2	G	地			2	门前铃地
	3	MA	音频			3	门前铃音频
	4	M12	电源			4	门前铃电源
安防端口	1	12V	安防电源	室内报警设备	外接报警器、探测器电源	各报警前端设备的相应端口	给报警器、探测器供电，供电电流≤100mA
	2	G	地				地
	3	HP	求助		求助按扭		紧急按钮（通常接常开端口）
	4	SA	防盗		红外探测器		接与撤布防相关的门、窗磁传感器、防盗探测器的常闭端口
	5	WA	窗磁		窗磁		
	6	DA	门磁		门磁		
	7	GA	燃气探测		燃气泄漏		接与撤布防无关的燃气、烟雾探测器的常开端口
	8	FA	烟雾探测		火警		
	9	DAI	立即报警门磁		门磁		接与撤布防相关的门磁传感器、红外探测器的常闭端口
	10	SAI	立即报警防盗		红外探测器		
警铃端口	1	JH	警铃		警铃电源	外接警铃	电压：DC 14.5~18.5V；电流：≤50mA
	2	G	警铃地		警铃电源地		

四、任务实施

（一）任务目标

1）认真阅读表4.4.1，理解每一个端口的含义。

2）按照规范安装好室内主机。

3）正确地对室内分机与层间分配器进行连接。

（二）安装主、配件准备

主、配件见表4.4.2。

表4.4.2　主、配件

名　称	数　量	单位	名　称	数　量	单位
多功能可视室内分机	1	台	通信电缆	若干	根
普通非可视室内分机	1	台	说明书	4	本
联网器	1	只	保修卡	4	张
层间分配器	1	只			

（三）工具准备

使用的工具见表4.4.3。

表4.4.3　使用的工具

序　号	名　称	数　量	用　途
1	万用表	1台	施工布线测试
2	小一字螺钉旋具	1个	安装及接线用
3	小十字螺钉旋具	1个	安装及接线用
4	剪刀	1把	布线用
5	电钻	1个	施工、布线、敷设管用

（四）安装要求及注意事项

1）室内分机安装的高度约为1.5m。

2）室内分机不宜安装于阳光直射、油污及灰尘太多的地方，以免降低图像质量及影响机器寿命。

3）室内分机至室外主机的连线可用0.3mm²的6芯线，当室内分机至室外主机的连线大于20m时应采用线径为0.5mm²的5芯线加75-3型视频线，否则将影响图像及对讲质量。

（五）安装方法及步骤

第一步：在门的内侧距门0.4m、距地面约1.5m处做好孔位标志。

第二步：用电钻开孔，将室内分机的挂板紧贴墙面，拧紧螺钉，将室内分机固定好，如图4.4.4所示。

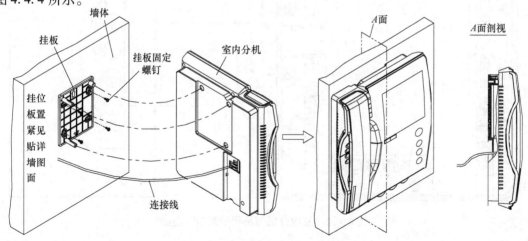

图4.4.4　可视室内分机安装示意图

已完成的室内分机装配效果图如图 4.4.5 所示。

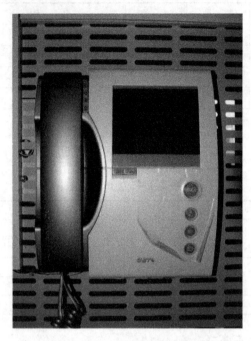

图 4.4.5　室内分机装配效果图

第三步：完成室内分机与层间分配器接线，如图 4.4.6 所示。

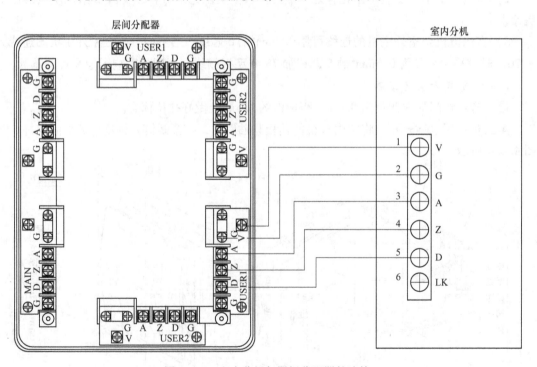

图 4.4.6　室内分机与层间分配器的连接

第四步：完成室内分机与报警传感器接线，如图 4.4.7 所示。

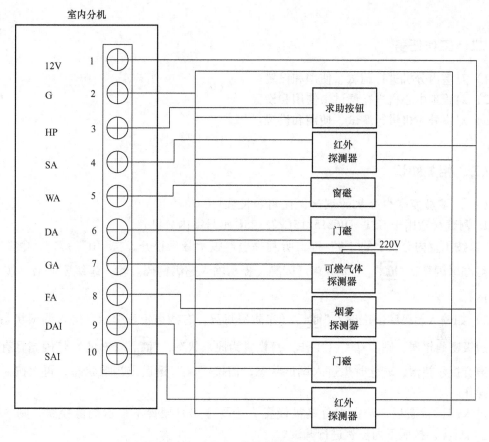

图 4.4.7　室内分机与报警传感器的连接

五、课后思考与练习

1）室内分机有哪些功能按键？
2）写出室内分机各接线端口的含义以及连接的设备。
3）画出室内分机与层间分配器的连线图。
4）画出室内分机与各类探测器的连线图。

任务五　**可视对讲系统的调试**

一、教学目标

1）能独立完成可视对讲系统的调试。
2）熟悉系统的调试、使用和设置。

二、工作任务

1）对室内分机进行调试、使用和设置。

2）对管理中心机进行调试、使用和设置。

3）对室外主机进行调试、使用和设置。

 三、相关知识

（一）多功能室内分机的调试、使用和设置

1. 调试（适用于 GST-DJ6815/15C/25/25C 型号室内分机）

1）按下室内分机上的"#"键，听到一短声提示音后松开，按"0"键，"◁×"（工作）灯红绿闪亮、"🏠"（布防）灯闪亮，提示输入超级密码。输入超级密码后，按"#"键确认。

2）如输入超级密码正确，"🏠"（布防）灯灭，有两声短音提示，进入调试状态；若输入超级密码错误，则"◁×"（工作）灯恢复为原来状态，"🏠"（布防）灯闪亮且有快节奏的声音提示错误，若此时想进入调试状态，需按"＊"键退出当前状态，再次按 a 步骤重新操作。

进入调试状态后，若室内分机被设置为接受呼叫只振铃不显示图像模式，则"✉"（短信）灯亮。按照下列步骤进行调试。

步骤 1：按"1"键，更改自身地址。地址必须为 4 位，由"0"~"9"数字键组合。若输入的是有效地址，按"#"键，则有一声长音提示室内分机更改为新地址；若输入的地址无效或小于 4 位，按"#"键，则有快节奏的声音提示错误；若想继续更改地址，需重新按此步骤操作。

步骤 2：按"2"键，设置显示模式。按一次，显示模式改变一次。"✉"（短信）灯亮时，室内分机设置为接受呼叫只振铃不显示图像模式；"✉"（短信）灯不亮时，室内分机为正常显示模式。

步骤 3：按"3"键，与本楼栋室外主机可视对讲。要进行此项调试，需先退出步骤 4 状态。如正在步骤 4 状态，可按"6"键退出，再按"3"键进入此项调试。

步骤 4：按"4"键，与对应门前铃可视对讲。要进行此项调试时，需先退出步骤 3 状态。如正在步骤 3 状态，可按"6"键退出，再按"4"键进入此项调试。

步骤 5：按"5"键，恢复出厂撤防密码。

步骤 6：按"6"键，正在可视对讲时，结束可视对讲。

按"＊"键，退出调试状态。

默认超级密码为 620818。

2. 使用

1）呼叫、通话及开锁。在室外主机、门前铃、小区门口机或管理中心机呼叫室内分机时，室内分机振铃且"◁×"（工作）灯呈绿色、"✉"（短信）灯闪亮，摘机后可与室外主机、门前铃、小区门口机或管理中心机通话，如果是多室内分机，其他室内分机自动挂断。

室外主机、门前铃呼叫室内分机，室内分机振铃（或通话）时，直接按"🔑"（开锁）键，可打开对应的电磁锁，室内分机停止响铃，摘机后可正常通话。

若按室内分机"🔑"（开锁）键后，室内分机振铃。通话过程中挂机，结束通话。室内分机接受呼叫时，可显示来访者的图像。

2）监视。摘机/挂机时，按"👁"（监视）键，显示本单元室外主机的图像，如本单元有多个入口，可依次监视各个入口的图像。15s 内按"👁"（监视）键，室内分机会监视下一室外主机的图像。

若室内分机带有门前铃，按下"👁"（监视）键 2s（有一短声提示音），监视门前铃图像，如接有多个门前铃，再按一下"👁"（监视）键，可依次监视各个门前铃的图像。15s 内按"👁"（监视）键，室内分机会监视下一个门前铃的图像。

监视过程中摘机，可与被监视的设备通话（监视单门前铃时，监视 4s 后，摘机才可与门前铃通话）。

3）呼叫室外主机。室内分机摘机后，按"🔑"（开锁）键 2s（有一短声提示音），室内分机呼叫室外主机。

4）呼叫管理中心。室内分机摘机后，按"📞"（呼叫）键，呼叫管理中心机。管理中心机响铃并显示室内分机的号码，管理中心摘机可与室内分机通话，通话完毕，挂机。若通话时间到，管理中心机和室内分机自动挂机。

5）户户对讲。室内分机摘机，按小键盘上"#"键，"🔇"（工作）灯亮；输入房间号，按下"#"键，可呼叫本单元住户；输入楼号、单元号、房间号，按下"#"键，可呼叫其他联网单元的室内分机。

6）设置功能。室内分机挂机时，按"✉"（短信）键 2s（有一短声提示音），室内分机进入设置状态，"✉"（短信）灯快闪。

在设置状态下：

• 按"📞"（呼叫）键，进入设置铃声状态。

• 按"👁"（监视）键，进入设置是否免打扰状态。

• 按"✉"（短信）键，退出设置状态。

①铃声设置。进入设置铃声状态后，可听到当前设定的被呼叫时的铃声。

按下"🔑"（开锁）键，会听到上一首音乐铃，按下"👁"（监视）键，将听到下一首音乐铃，共有 30 种音乐铃。当听到自己满意的音乐铃声时，按下"✉"（短信）键，响一声长"嘟"音，确认保留设置，退出设置状态。若 15s 内不按"✉"（短信）键，则退出设置模式，不做任何保留，铃声为原来的铃声。

②免打扰设置。进入设置是否免打扰状态后，若"免扰"灯"🔇"（工作）灯呈红色，则为免打扰状态；若"免扰"灯"🔇"（工作）灯变绿色，则为退出免打扰状态。

按一次"👁"（监视）键，状态改变一次。按"✉"（短信）键退出。

注：带小按键的室内分机（GST-DJ6815/15C/25/25C），其免打扰功能还可以通过如下的方式进行设置：在待机状态下，按"免扰"键（数字键"4"）2s，"免扰"灯亮（"🔇"

变红色），进入免打扰状态。再按"4◀✕"键，退出免打扰状态，"免扰"灯灭（"◁✕"变绿色）。

注：免打扰状态下呼叫室内分机，不响振铃。

7）撤布防操作（适用于GST-DJ6815/15C/25/25C）。

①布防。室内分机可设置"外出布防"和"居家布防"两种布防模式。按"外出布防"键，进入外出预布防状态，"🏠"（布防）灯快闪，延时60s进入外出布防状态，此时"🏠"（布防）灯亮。按"居家布防"键，进入居家布防状态，"🏠"（布防）灯亮。

在居家布防状态，若按"外出布防"键，则进入外出预布防状态。在外出布防状态，按"居家布防"键需输入撤防密码，若输入密码正确，则进入居家布防状态。

在外出布防状态，响应红外探测器、门磁、窗磁、火灾探测器、燃气泄漏探测器报警；在居家布防状态，响应门磁、窗磁、火灾探测器、燃气泄漏探测器报警。

注意： 室内分机进入外出预布防状态后，请尽快离开红外报警探测区，并关好门窗，否则1min后将触发红外报警或门窗磁报警。

②撤防。在"布防"状态，按"撤防"键进入撤防状态，"🏠"（布防）灯慢闪，输入撤防密码。按"#"键，若听到一声长音提示，则表示已退出当前的布防状态；若听到快节奏的声音提示，则表示撤防密码输入错误，若三次输入撤防密码错误，则向管理中心传防拆报警，并本地报警提示。

③撤防密码更改。在待机状态，按下"撤防"键2s（有一短声提示音），进入撤防密码更改状态，"🏠"（布防）灯慢闪。输入原密码并按"#"键，若密码正确，会听到两声短音提示，可输入新密码，按"#"键，听到两声短音提示，再次输入新密码，若两次输入的新密码一致，再按"#"键，会听到一声长音提示，表示密码修改成功，启用新的撤防密码。若两次输入的新密码不一致，按"#"键，会听到快节奏的声音提示错误，此时密码仍为原密码；若想继续修改密码，输入新密码，按"#"键听到两声短音，提示再次输入新密码，若两次输入的新密码一致，按"#"键，会听到一声长音提示密码修改成功，启用新的撤防密码。

注意： 请牢记密码，以备撤防时使用；密码通过"0"～"9"十个数字键输入，密码为6位数字。出厂默认没有密码。

8）紧急求助功能。按下室内分机自带的紧急求助按钮，求助信号可上传到管理中心机，管理中心机报求助并显示紧急求助的室内分机号，"◁✕"（工作）灯红绿色闪亮2min。

9）安防报警（适用于GST-DJ6815/15C/25/25C）。室内分机具有报警接口，支持烟雾探测器、红外探测器、门磁、窗磁和可燃气体探测器的报警。当检测到报警信号，室内分机向管理中心报相应的警情，相应指示灯变亮，响报警音3min。

防盗探测器包括红外探测器、窗磁、门磁等，它们只有在布防状态时才起作用。在外出布防状态，全部可以报警；在居家布防状态，只有窗磁、门磁起作用。红外探测器和门磁报警按接口分为立即报警和延时报警，窗磁只有立即报警接口。延时报警设备的延时时间为45s。

当检测到火警时,"🔥"(火警)灯亮;检测到燃气报警时,"⛽"(燃气)灯亮;检测到盗警时,"🔔"(盗警)灯亮。警铃端口 JH 有 DC 14.5~18.5V 的电压输出。

若要清除报警声音、警铃声音,则进行如下操作:

①未布防时,按"＊"键,报警声音、警铃声音停止。

②布防时,室内分机撤防后,报警声音、警铃声音停止。

10)显示器亮度、对比度调节,振铃音量调节。

①显示器亮度调节,为了保护视力,不要把显示器亮度调得太高,白天环境光线太亮的时候,亮度应适当加大;夜间应适当减小亮度,以不显得刺眼。

②对比度调节。若图像同底色的反差小,图像不够清晰,可适当增大对比度,使图像清晰、鲜艳。

③振铃音量调节。通过调节振铃音量电位器,调节振铃音量的大小。

注意:旋钮不可用力过大或过度旋转。

11)密码、地址初始化。设置方法:按住"📞"(呼叫)键后,给可视室内分机重新上电,听到提示音后按住"🔑"(开锁)键 2s(有一短声提示音),室内分机地址恢复为默认地址 101。

进行此项设置后,密码、地址初始化为默认值。

(二)普通室内分机的调试、使用和设置

1. 调试

普通室内分机地址设置:操作系统室外主机处于室内分机地址设置状态(详见室外主机"室内分机地址设置"相关操作),室内分机摘机呼叫地址为 9501 的室外主机或室外主机呼叫室内分机摘机后通话,在室外主机上输入欲设置的室内分机地址,按室外主机上"确认"键,当室外主机闪烁显示室内分机新设地址时,表明设置地址成功。

2. 使用及操作

1)呼叫及通话。在室外主机或管理中心机或同户室内分机呼叫室内分机时,室内分机振铃(免打扰状态下不振铃,仅指示灯闪亮),一台室内分机摘机可与室外主机或管理中心机或同户室内分机通话,同户的其他室内分机停止振铃,摘挂机无响应。室内分机振铃或通话时,按"开锁"键可打开对应单元门的电锁,室内分机振铃时按下"开锁"键,室内分机停止振铃,摘机可正常通话。室内分机振铃时间为 45s,通话时间为 45s。

2)呼叫室外主机。对讲室内分机待机状态下,摘机 3s 后,自动呼叫地址为 9501 的室外主机,可与室外主机对讲,通话时间为 45s。

3)呼叫管理中心。摘机后若按"保安"键,则呼叫管理中心机。管理中心机响铃,并显示室内分机的号码,管理中心摘机可与室内分机通话。通话完毕,挂机。若通话时间超过45s,管理中心机和室内分机自动挂机。

(三)室外主机的调试、使用和设置

1. 调试

1)室外主机设置模式状态。给室外主机上电,若数码显示屏有滚动显示的数字或字母,则说明室外主机工作正常。系统正常使用前应对室外主机地址、室内分机地址进行设置,联网型的还要对联网器地址进行设置。按"设置"键,进入设置模式状态,设置模式分

为 $\boxed{F1}$ ~ $\boxed{F12}$。每按一下"设置"键，设置项切换一次，即按一次"设置"键进入设置模式 $\boxed{F1}$，按两次"设置"键进入设置模式 $\boxed{F2}$，依此类推。室外主机处于设置模式状态（数码显示屏显示 $\boxed{F1}$ ~ $\boxed{F12}$）时，可按"取消"键或延时自动退出到正常工作状态。

F1 ~ F12 的设置见表 4.5.1。

表 4.5.1　室外主机设置

设置模式	设置说明	设置模式	设置说明
F1	设置住户开锁密码	F2	设置室内分机地址
F3	设置室外主机地址	F4	设置联网器地址
F5	修改系统密码	F6	修改公用密码
F7	设置锁控时间	F8	注册 IC 卡
F9	删除 IC 卡	F10	恢复 IC 卡
F11	视频及音频设置	F12	设置短信层间分配器地址范围

2）室外主机地址设置。按"设置"键，直到数码显示屏显示 $\boxed{F3}$，按"确认"键，显示 $\boxed{\_\_\_\_}$，正确输入系统密码后显示 $\boxed{-\,-\,-\,\_}$，输入室外主机新地址（1 ~ 9），然后按"确认"键，即可设置新室外主机的地址。

注意：一个单元只有一台室外主机时，室外主机地址设置为 1。如果同一个单元安装多个室外主机，则地址应按照 1 ~ 9 的顺序进行设置。

3）室内分机地址设置。按"设置"键，直到数码显示屏显示 $\boxed{F2}$，按"确认"键，显示 $\boxed{\_\_\_\_}$，正确输入系统密码后显示 $\boxed{S\_On}$，进入室内分机地址设置状态。此时室内分机摘机等待 3s 后可与室外主机通话（或室外主机直接呼叫室内分机，室内分机摘机与室外主机通话），数码显示屏显示室内分机当前的地址。然后按"设置"键，显示 $\boxed{\_\_\_\_}$，按数字键，输入室内分机地址，按"确认"键，显示 $\boxed{LISn}$，等待室内分机应答。15s 内接到应答闪烁显示新的地址码，否则显示 $\boxed{nr\text{-}SP}$，表示室内分机没有响应。2s 后，数码显示屏显示 $\boxed{S\_On}$，可继续进行室内分机地址的设置。

注意：在室内分机地址设置模式下，若不进行按键操作，数码显示屏将始终保持显示 $\boxed{S\_On}$，不自动退出。连续按下"取消"键，可退出室内分机地址设置模式。

4）联网器地址设置。按"设置"键，直到数码显示屏显示 $\boxed{F4}$，按"确认"键，显示 $\boxed{\_\_\_\_}$，正确输入系统密码后，先显示 $\boxed{Addr}$，再显示联网器当前地址（在未接联网器的情况下一直显示 $\boxed{Addr}$），然后按"设置"键，显示 $\boxed{-\_\_\_}$，输入三位楼号，按"确认"键，显示 $\boxed{-\,-\,\_\_}$，输入两位单元号，按"确认"键，显示 $\boxed{LISn}$，等待联网器的应答。15s 内接到应答，则显示 $\boxed{SUCC}$，否则显示 $\boxed{nr\text{-}SP}$，表示联网器没有响应。2s 后返回 $\boxed{F4}$ 状态。在有矩阵切换器存在的情况下，设置楼号、单元号时需配合矩阵切换器学习的操作，即当矩阵切换器处于学习状态下，再进行楼号、单元号的设置，具体操作参照《GST-DJ6708/8/16 矩阵切换器安装使用说明书》。

注意：

①在设置楼号时，可以输入字母 A、B、C、D，按"呼叫"键输入 A，"密码"键输入 B，"保安"键输入 C，"设置"键输入 D。

②楼号、单元号不允许设置为：楼号"999"、单元号"99"或楼号"999"、单元号"88"，这两个号均为系统保留号码。

2. 使用及操作

1）室外主机呼叫室内分机。输入房间号，再按"呼叫"键或"确认"键或等待 4s，可呼叫室内分机。

现以呼叫"102"房间住户为例进行说明。输入"102"，按"呼叫"键或"确认"键或等待 4s，数码显示屏显示 $\boxed{CALL}$，等待被呼叫方的应答。接到对方应答后，显示 $\boxed{CHAr}$，此时室内分机已经接通，双方可以进行通话。通话期间，室外主机会显示剩余的通话时间。在呼叫/通话期间室内分机挂机或按下正在通话的室外主机的"取消"键可退出呼叫或通话状态。如果双方都没有主动发出终止通话命令，室外主机会在呼叫/通话时间到后自动挂断。

2）室外主机呼叫管理中心。按"保安"键，数码显示屏显示 $\boxed{CALL}$，等待管理中心机应答，接收到管理中心机的应答后显示 $\boxed{CHAr}$，此时管理中心机已经接通，双方可以进行通话。室外主机与管理中心之间的通话可由管理中心机中断或在通话时间到后自动挂断。

3）住户开锁密码设置。按"设置"键，直到数码显示屏显示 $\boxed{\quad F1}$，按"确认"键，显示 $\boxed{----}$，输入房间号，按"确认"键，显示 $\boxed{----}$，等待输入系统密码或原始开锁密码（无原始开锁密码时只能输入系统密码），按"确认"键，正确输入系统密码或原始开锁密码后，显示 $\boxed{F1\quad}$，按任意键或 2s 后，显示 $\boxed{----}$，输入新密码。按"确认"键，显示 $\boxed{P2\quad}$，按任意键或 2s 后显示 $\boxed{----}$，再次输入新密码，按"确认"键。如果两次输入的密码相同，保存新密码，并且显示 $\boxed{SUCC}$，开锁密码设置成功，2s 后显示 $\boxed{\quad F1}$；若两次新密码输入不一致，则显示 $\boxed{Err.}$，并返回 $\boxed{\quad F1}$ 状态。若原始开锁密码输入不正确，则显示 $\boxed{Err.}$，并返回 $\boxed{\quad F1}$ 状态，可重新执行上述操作。

注意：

● 系统正常运行时，同一单元若存在多个室外主机，只需在一台室外主机上设置住户开锁密码。

● 房间号由 4 位组成，用户可以输入 1～8999 之间的任意数。

● 如果输入的房间号大于 8999 或为 0，均被视为无效号码，显示 $\boxed{Err.}$，并有声音提示，2s 后显示 $\boxed{----}$，示意重新输入房间号。

● 住户开锁密码长度可以为 1～4 位。

● 每个住户只能设置一个开锁密码。

● 无原始开锁密码。

4）公用密码修改。按"设置"键，直到数码显示屏显示 $\boxed{\quad F6}$，按"确认"键，显示 $\boxed{----}$，正确输入系统密码后显示 $\boxed{F1\quad}$，按任意键或 2s 后显示 $\boxed{----}$，输入新的公用密码，按"确认"键，显示 $\boxed{P2}$ ，按任意键或 2s 后显示 $\boxed{\quad}$ ，再次输入新密码，按"确认"键，如果两次输入的新密码相同，则显示 $\boxed{SUCC}$ ，表示公用密码已成功修改；若两次输入的新密码不同，则显示 $\boxed{Err.}$ ，表示密码修改失败，退出设置状态，返回 $\boxed{F6}$ 状态。

5) 系统密码修改。按"设置"键，直到数码显示屏显示 $\boxed{F5}$ ，按"确认"键，显示 $\boxed{\quad}$ ，正确输入系统密码后显示 $\boxed{P1}$ ，按任意键或 2s 后显示 $\boxed{\quad}$ ，然后输入新密码，按"确认"键，显示 $\boxed{P2}$ ，按任意键或 2s 后显示 $\boxed{\quad}$ ，再次输入新密码，按"确认"键，如果两次输入的新密码相同，则显示 $\boxed{SUCC}$ ，表示系统密码已成功修改；若两次输入的新密码不同，则显示 $\boxed{Err.}$ ，表示密码修改失败，退出设置状态，返回 $\boxed{F5}$ 状态。

注意： 原始系统密码为"200406"。系统密码长度可为 1~6 位，输入系统密码多于 6 位时，取前 6 位有效。更改系统密码时，不要将系统密码更改为"123456"，以免与公用密码发生混淆。

在通信正常的情况下，在室外主机上可设置系统的密码，只需设置一次。

6) 注册 IC 卡。按"设置"键，直到数码显示屏显示 $\boxed{F6}$ ，按"确认"键，显示 $\boxed{\quad}$ ，正确输入系统密码后显示 $\boxed{Fn1}$ ，按"设置"键，可以在 $\boxed{Fn1}$ ~ $\boxed{Fn4}$ 间进行选择，具体说明如下：

$\boxed{Fn1}$ ：注册的卡在小区门口和单元内有效。输入房间号，按"确认"键，输入卡的序号（即卡的编号，允许范围为 1~99），按"确认"键，显示 $\boxed{tE6}$ 后，刷卡注册。

$\boxed{Fn2}$ ：注册巡更时开门的卡。输入卡的序号（即巡更人员编号，允许范围为 1~99），按"确认"键，显示 $\boxed{tE6}$ 后，刷卡注册。

$\boxed{Fn3}$ ：注册巡更时不开门的卡。输入卡的序号（即巡更人员编号，允许范围为 1~99），按"确认"键，显示 $\boxed{tE6}$ 后，刷卡注册。

$\boxed{Fn4}$ ：管理员卡注册。输入卡的序号（即管理人员编号，允许范围为 1~99），按"确认"键，显示 $\boxed{tE6}$ 后，刷卡注册。

注意： 注册卡成功，会提示"嘀嘀"两声；注册卡失败，会提示"嘀嘀嘀"三声；当超过 15s 没有卡注册时，自动退出卡注册状态。

7) 删除 IC 卡。按"设置"键，直到数码显示屏显示 $\boxed{F5}$ ，按"确认"键，显示 $\boxed{\quad}$ ，正确输入系统密码后显示 $\boxed{Fn1}$ ，按"设置"键，可以在 $\boxed{Fn1}$ ~ $\boxed{Fn4}$ 间进行选择，具体对应如下：

① $\boxed{Fn1}$ ：进行刷卡删除。按"确认"键，显示 $\boxed{CArd}$ ，进入刷卡删除状态，进行刷卡删除。

② $\boxed{Fn2}$ ：删除指定用户的指定卡。输入房间号，按"确认"键，输入卡的序号，按"确认"键，显示 $\boxed{dEL}$ ，删除成功后会提示"嘀嘀"两声，然后返回 $\boxed{Fn2}$ 状态。

删除指定巡更卡：进入 $\boxed{F\Pi2}$，输入"9968"，按"确认"键，输入卡的序号，按"确认"键，显示 $\boxed{dEL}$，删除成功后会提示"嘀嘀"两声，然后返回 $\boxed{F\Pi2}$ 状态。

删除指定巡更开门卡：进入 $\boxed{F\Pi2}$，输入"9969"，按"确认"键，输入卡的序号，按"确认"键，显示 $\boxed{dEL}$，删除成功后会提示"嘀嘀"两声，然后返回 $\boxed{F\Pi2}$ 状态。

删除指定管理员卡：进入 $\boxed{F\Pi2}$，输入"9966"，按"确认"键，输入卡的序号，按"确认"键，显示 $\boxed{dEL}$，删除成功后会提示"嘀嘀"两声，然后返回 $\boxed{F\Pi2}$ 状态。

③ $\boxed{F\Pi3}$：删除某户所有卡片。输入房间号，按"确认"键，显示 $\boxed{dEL}$，删除成功后会提示"嘀嘀"两声，然后返回 $\boxed{F\Pi3}$ 状态。

删除所有巡更卡：进入 $\boxed{F\Pi3}$，输入"9968"，按"确认"键，显示 $\boxed{dEL}$，删除成功后会提示"嘀嘀"两声，然后返回 $\boxed{F\Pi3}$ 状态。

删除所有巡更开门卡：进入 $\boxed{F\Pi3}$，输入"9969"，按"确认"键，显示 $\boxed{dEL}$，删除成功后会提示"嘀嘀"两声，然后返回 $\boxed{F\Pi3}$ 状态。

删除所有管理员卡：进入 $\boxed{F\Pi3}$，输入"9966"，按"确认"键，显示 $\boxed{dEL}$，删除成功后会提示"嘀嘀"两声，然后返回 $\boxed{F\Pi3}$ 状态。

④ $\boxed{F\Pi4}$：删除本单元所有卡片。按"确认"键，显示 $\boxed{\_\_\_\_}$，正确输入系统密码后，按"确认"键显示 $\boxed{dEL}$，删除成功后会提示急促的"嘀嘀"声 2s，然后返回 $\boxed{F\Pi4}$ 状态。

8）恢复删除的本单元所有卡。由于误操作将本单元的所有注册卡片删除后，在没有进行其他注册和删除之前可以恢复原注册卡片，操作方法是进入设置状态，在显示 $\boxed{F10}$ 时，按"确认"键，显示 $\boxed{\_\_\_\_}$，正确输入系统密码后，按"确认"键显示 $\boxed{rECO}$，3s 后返回 $\boxed{F10}$，撤消成功会提示"嘀嘀"两声。

9）住户密码开门。输入房间号，按"密码"键，输入开锁密码，按"确认"键。

门打开时，数码显示屏显示 $\boxed{OPEN}$ 并有声音提示。若开锁密码输入错误，则显示 $\boxed{\_\_\_\_}$，示意重新输入。如果密码连续三次输入不正确，则自动呼叫管理中心，显示 $\boxed{CALL}$。输入密码多于 4 位时，取前 4 位有效。按"取消"键，可以清除新键入的数，如果在显示 $\boxed{\_\_\_\_}$ 的时候，再次按下"取消"键，便会退出操作。

10）胁迫密码开门。如果住户在被胁迫之下开门，住户可将密码末位数加 1 输入（如果末位为 9，加 1 后为 0，不进位），则作为胁迫密码处理：①与正常开门时的情形相同，门被打开；②有声音及显示给予提示；③向管理中心发出胁迫报警。

11）公用密码开门。按下"密码"键，输入公用密码，按"确认"键。系统默认的公用密码为"123456"。

门打开时，数码显示屏显示 $\boxed{OPEN}$ 并伴有声音提示。如果密码连续三次输入不正确，则自动呼叫管理中心，显示$\boxed{CALL}$。

12）IC 卡开门。将 IC 卡放到读卡窗感应区内，听到"嘀"的一声后，即可开门。

注意：用住户卡开单元门时，室外主机会对该住户的室内分机发送撤防命令。

13）设置锁控时间。按"设置"键，直到数码显示屏显示$\boxed{F7}$，按"确认"键，显示$\boxed{----}$，正确输入系统密码后显示$\boxed{--\_\_}$，输入要设置的锁控时间（单位：秒），按"确认"键，设置成功则显示$\boxed{SUCC}$，设置失败则显示$\boxed{EFr.}$，3s 后返回$\boxed{F7}$。出厂默认锁控时间为 3s。

14）摄像头预热开关设置。按"设置"键，直到数码显示屏显示$\boxed{F11}$，按"确认"键，显示$\boxed{----}$，正确输入系统密码后显示$\boxed{F\Pi1}$，按"确认"键，进入$\boxed{F\Pi1}$，数码显示屏显示当前室外主机摄像头预热开关的设置状态$\boxed{U\_on}$或$\boxed{UOFF}$，按"设置"键在开、关状态间切换，按"确认"键存储当前设置，设置成功后显示$\boxed{SUCC}$，然后返回$\boxed{F11}$状态。出厂默认设置为关。

15）音频静噪设置。按"设置"键，直到数码显示屏显示$\boxed{F11}$，按"确认"键，显示$\boxed{----}$，正确输入系统密码后显示$\boxed{F\Pi1}$，按"设置"键切换到$\boxed{F\Pi2}$，按"确认"键，进入$\boxed{F\Pi2}$，数码显示屏显示当前音频静噪设置的状态$\boxed{A\_on}$或$\boxed{AOFF}$，按"设置"键在开、关状态间切换，按"确认"键存储当前设置，设置成功后显示$\boxed{SUCC}$，然后返回$\boxed{F11}$状态。出厂默认设置为开。

16）节电模式设置。按"设置"键，直到数码显示屏显示$\boxed{F11}$，按"确认"键，显示$\boxed{----}$，正确输入系统密码后显示$\boxed{F\Pi1}$，按两次"设置"键切换到$\boxed{F\Pi3}$，按"确认"键进入，数码显示屏显示当前节电模式的设置状态$\boxed{A\_on}$或$\boxed{AOFF}$，按"设置"键在开、关状态间切换，按"确认"键存储当前设置，设置成功后显示$\boxed{SUCC}$，然后返回$\boxed{F11}$状态。出厂默认设置为关。

17）恢复系统密码。使用过程中系统的密码可能会丢失，此时有些设置操作就无法进行，需提供一种恢复系统密码方法。按住"8"键后，给室外主机重新加电，直至显示$\boxed{SUCC}$，表明系统密码已恢复成功。

18）恢复出厂设置。按住"设置"键后，给室外主机重新加电，直至显示$\boxed{bUSY}$，松开按键，等待显示消失，表示恢复出厂设置。出厂设置的恢复，包括恢复系统密码、删除住户开锁密码及恢复室外主机的默认地址（默认地址为 1）等，应慎用。

19）防拆报警功能。当室外主机在通电期间被非正常拆卸时，会向管理中心机进行防拆报警。

（四）管理中心机的调试、使用和设置

1．调试

1）自检。正确连接电源、CAN 总线和音视频信号线，按住"确认"键上电，进入自检程序。此时，电源指示灯应点亮，液晶屏显示：

```
系统自检：
    确认？
```

按"确认"键，系统进入自检状态；按其他任意键，退出自检。首先进行 SRAM 和 EE-PROM 的检测，如 SRAM 或 EEPROM 有错误，则液晶屏显示如下错误信息：

```
SRAM 错误：
请检查电路！
```

```
EEPROM 错误：
请检查电路！
```

SRAM 和 EEPROM 检测通过，则进入键盘检测。依次按键"0"～"9"、"清除"、"确认"、"呼叫"及"开锁"等所有功能键，液晶屏应该显示输入键值。例如按"0"键，液晶屏应显示：

```
键盘检测：
您按了"0"键！
```

键盘检测通过后，按住"设置"键，再按"0"键，进入声音检测，液晶屏显示：

```
声音检测：
请按键！
```

显示的同时播放警车声，按任意键播放下一种声音。播放顺序如下：

急促的嘀嘀声；

消防车声；

救护车声；

振铃声；

回铃声；

忙音。

播放忙音时按任意键进入音视频检测，液晶屏显示：

```
音视频检测：
按键退出！
```

图像监视器应该被点亮，同时检测声音是否正常。按"清除"键进入指示灯检测，最左边的指示灯点亮，此时液晶屏显示：

```
指示灯检测：
请按键！
```

按任意键熄灭当前点亮的指示灯，点亮下一个指示灯，如此重复直到最右边的指示灯点亮，此时按任意键，进入液晶屏对比度调节部分的检测，液晶屏显示：

```
调节对比度：
◀ ▓▓▓▓▓▓▓▓□□□□□ ▶
```

按"◀"和"▶"键，调节液晶屏的对比度，按"◀"键减小对比度，按"▶"键增大对比度，将对比度调节到合适的位置。按"确认"或"清除"键，退出检测。

退出检测程序后，按任意键，背光灯点亮。如果上述所有检测都通过，说明此管理中心机基本功能良好。

注意： 自检过程中若在30s内没有按键操作，则自动退出自检状态。

2）设置管理中心机地址及联调。系统正常使用前需要设置系统内设备的地址。

①设置管理中心机地址。GST-DJ6000可视对讲系统最多可以支持9台管理中心机，地址为1~9。如果系统中有多台管理中心机，则管理中心机应该设置不同地址，地址从1开始连续设置，具体设置方法如下：

在待机状态下按"设置"键，进入系统设置菜单，按"◀"或"▶"键选择"设置地址?"，液晶屏显示：

> 系统设置：
> ◀　设置地址?　　▶

按"确认"键，要求输入系统密码，液晶屏显示：

> 请输入系统密码：
> ■

正确输入系统密码，液晶屏显示：

> 设置地址：
> ◀　本机地址?　　▶

按"确认"键进行管理中心机地址设置，液晶屏显示：

> 请输入地址：
> ■

输入需要设置的地址值（1~9），按"确认"键，管理中心机存储地址，恢复音视频网络连接模式为手拉手模式，设置完成，退出地址设置。若三次输入系统密码错误，则退出地址设置。

注意： 管理中心机出厂时默认系统密码为"1234"。

管理中心机出厂地址设置为1。

②联调。完成系统的配置以后可以进行系统的联调。

摘机，输入"楼号＋'确认'＋单元号＋'确认'＋950X＋'呼叫'"，呼叫指定单元的室外主机，与该机进行可视对讲。如能接通音视频，且图像和话音清晰，那么表示系统正常，调试通过。

如果不能很快接通音视频，管理中心机会发出回铃音，液晶屏显示：

> XXX-YY-950X：
> 正在呼叫.

等待一定时间后，液晶屏显示：

> 通信错误…
> 请检查通信线路！

如果出现上述现象，就表示 CAN 总线通信不正常，应检查 CAN 通信线的连接情况和通信线的末端是否并接终端电阻。

若液晶屏显示：

> XXX – YY –950X：
> 正在通话.

若此时看不到图像，或者听不到声音，或者既看不到图像、也听不到声音，则说明 CAN 总线通信正常，音视频信号不正常，此时应检查音视频信号线连接是否正确。

说明：GST‐DJ6406/08 的监视图像为黑白，GST – DJ6406C/08C 的监视图像为彩色，GST – DJ6405/07 只有监听功能，不能监视到图像。

2. 使用及操作

1）系统设置。系统设置采用菜单逐级展开的方式，主要包括密码管理、设置地址、设置日期时间、调节对比度、设置自动监视等。在待机状态下，按"设置"键进入系统设置菜单。

菜单的显示操作采用统一的模式，显示屏的第一行显示主菜单名称，第二行显示子菜单名称，按"◀"或"▶"键，在同级菜单间进行切换；按"确认"键选中当前的菜单，进入下一级菜单；按"清除"键返回上一级菜单。

当有光标显示时，提示可以输入字符或数字。字符以及数字的输入采用覆盖方式，不支持插入方式。在字符或数字的输入过程中，按"◀"或"▶"键可左移或右移光标的位置，每按下一次移动一位。当光标不在首位时，"清除"键做退格键使用；当光标处在首位时，按"清除"键不存储输入数据。在输入过程中的任何时候，按"确认"键，存储输入内容退出。

①密码管理。管理中心机设置两级操作权限，系统操作员可以进行所有操作，普通管理员只能进行日常操作。一台管理中心机只能有一个系统操作员，最多可以有 99 个普通管理员，即一台管理中心机可以设置一个系统密码，99 个管理员密码。设置多组管理员密码的目的是针对不同的管理员分配不同的密码，从而可以在运行记录里详细记录值班管理人员所进行的操作，便于分清责任。

普通管理员可以由系统操作员进行添加和删除。输入管理员密码时要求输入"管理员号 + '确认' + 密码 + '确认'"。若三次系统密码输入错误，则退出。

注意：系统密码是长度为 4 ~ 6 位的任意数字组合，出厂时默认系统密码为"1234"。管理员密码由管理员号和密码两部分构成，管理员号可以是 1 ~ 99，密码是长度为 6 位的任意数字组合。

a. 增加管理员。在待机状态下按"设置"键，进入系统设置菜单，按"◀"或"▶"键选择"密码管理?"菜单，液晶屏显示：

```
          系统设置：
      ◀   密码管理？    ▶
```

按"确认"键，进入密码管理菜单，按"◀"或"▶"键选择"增加管理员？"菜单，液晶屏显示：

```
          密码管理：
      ◀   增加管理员？    ▶
```

按"确认"键，提示输入系统密码，液晶屏显示：

```
      请输入系统密码：
      ■
```

若密码正确，液晶屏显示：

```
      请输入管理员号#
      * * * * *
```

输入"管理员号 + '确认' + 密码 + '确认'"。例如现在需要增加 1 号管理员，密码为 123，则应该输入"'1' + '确认' + '1' + '2' + '3' + '确认'"（单引号内表示一次按键）。此时，管理中心机要求进行再次输入确认，液晶屏显示：

```
      请再输入一次：
      * * * * *
```

如果两次输入不同，则要求重新输入；如果两次输入完全相同，则保存设置。

b. 删除管理员。在待机状态下按"设置"键，进入系统设置菜单，按"◀"或"▶"键选择"密码管理？"菜单，液晶屏显示：

```
          系统设置：
      ◀   密码管理？    ▶
```

按"确认"键进入密码管理菜单，按"◀"或"▶"键选择"删除管理员？"菜单，液晶屏显示：

```
          密码管理：
      ◀   删除管理员？    ▶
```

按"确认"键，提示输入系统密码，液晶屏显示：

```
      请输入系统密码：
      ■
```

正确输入系统密码后，输入需要删除的管理员号按"确认"键，系统提示确认删除操作。再次按下"确认"键，完成管理员删除操作。

例如现在需要删除 5 号管理员，则应该输入"5"，液晶屏显示：

> 请输入管理员号：
> 5

按下"确认"键，液晶屏提示确认现在要删除 5 号管理员，液晶屏显示：

> 删除 05 管理员：
> 确认？

再次按下"确认"键，完成 5 号管理员的删除操作。

c. 修改系统密码或管理员密码。在待机状态下按"设置"键，进入系统设置菜单，按
"◀"或"▶"键选择"密码管理？"菜单，液晶屏显示：

> 系统设置：
> ◀ 密码管理？ ▶

按"确认"键进入密码管理菜单，按"◀"或"▶"键选择"修改密码？"菜单，液晶
屏显示：

> 密码管理：
> ◀ 修改密码？ ▶

按"确认"键，液晶屏每隔 2s 循环显示"请输入系统密码"和"或管理员#密码："，
液晶屏显示：

> 请输入系统密码
> ＊ ＊ ＊ ＊ ＊

> 或管理员#密码：
> ＊ ＊ ＊ ＊ ＊

输入原系统密码或管理员密码并按"确认"键，系统要求输入新密码，液晶屏
显示：

> 请输入管理员号：
> ＊ ＊ ＊ ＊ ＊

> 管理员新密码：
> ＊ ＊ ＊ ＊ ＊

按"确认"键，再输入一次，确认输入无误，液晶屏显示：

> 请再输入一次：
> ＊ ＊ ＊ ＊ ＊

按"确认"键，若两次输入不同，要求重新输入，若两次输入完全相同，保存设置，
设置完成后新密码生效。

②设置日期和时间。管理中心机的日期和时间在每次重新上电后要求进行校准，并且在
以后的使用过程中，也应该进行定期校准。

a. 设置日期。在待机状态下按"设置"键，进入系统设置菜单，按"◀"或"▶"键，
选择"设置日期时间？"菜单，液晶屏显示：

```
      系统设置:
   ◀  设置日期时间?  ▶
```

按"确认"键，进入设置日期时间菜单，按"◀"或"▶"键，选择"设置日期?"菜单，液晶屏显示：

```
      设置日期时间:
   ◀  设置日期?      ▶
```

按"确认"键，输入系统密码或管理员密码，液晶屏显示：

```
   请输入系统密码
   * * * * *
```

如果密码正确，则进入设置日期菜单，液晶屏显示：

```
   设置日期:
   ❷017 年 02 月 25 日
```

输入正确日期后，按"确认"键存储，并进入设置星期菜单，液晶屏显示：

```
   设置日期:
   星期❸
```

设置星期时，输入"0"表示星期天，输入"1"～"6"表示星期一至星期六。修改完成后，按"确认"键存储修改；按"清除"键，不存储修改并退出，设置完成。

b. 设置时间。在待机状态下按"设置"键，进入系统设置菜单，按"◀"或"▶"键，选择"设置日期时间?"菜单，液晶屏显示：

```
      系统设置:
   ◀  设置日期时间?  ▶
```

按"确认"键，进入设置日期时间菜单；按"◀"或"▶"键，选择"设置时间?"菜单，液晶屏显示：

```
      设置日期时间:
   ◀  设置时间?      ▶
```

按"确认"键，输入系统密码或管理员密码，液晶屏显示：

```
   请输入系统密码
   * * * * *
```

如果密码正确，则进入设置时间菜单，输入正确时间，液晶屏显示：

```
设置时间：
██0：35：30
```

修改完成后，按"确认"键，存储修改后的时间；按"清除"键不存储修改并退出，时间设置完成。

③调节对比度。管理中心机的液晶屏对比度采用数字控制，可以按程序调节。

在待机状态下按"设置"键，进入系统设置菜单，按"◀"或"▶"键，选择"调节对比度?"菜单，液晶屏显示：

```
系统设置：
◀　调节对比度?　▶
```

按"确认"键，进入调节对比度菜单；按"◀"或"▶"键，调节对比度；按"◀"键，减小液晶对比度，按"▶"键，增大液晶对比度。液晶屏显示：

```
调节对比度：
◀ ███████▢▢▢▢▢ ▶
```

调节好后按"确认"或"清除"键，退出调节对比度菜单。

④设置自动监视。管理中心机可以自动循环监视单元门口，每个门口监视30s。自动监视前需要设置起始楼号、终止楼号、每楼单元数和每单元最大门口数等参数。

a. 起始楼号。起始楼号指需要自动监视的第一栋楼，为"0"时，从小区门口机开始。在待机状态下，按"设置"键，进入系统设置菜单，按"◀"或"▶"键，选择"设置自动监视?"菜单，液晶屏显示：

```
系统设置：
◀　设置自动监视?　▶
```

按"确认"键，进入设置自动监视菜单，按"◀"或"▶"键，选择"起始楼号?"菜单，液晶屏显示：

```
设置自动监视：
◀　起始楼号?　　▶
```

按"确认"键，提示输入起始楼号，液晶屏显示：

```
起始楼号：
██
```

输入起始楼号，按"确认"键，存储起始楼号，退出，设置完成。

b. 终止楼号。终止楼号指需要自动监视的最后一栋楼号。在待机状态下，进入"设置自动监视"菜单，按"◀"或"▶"键，选择"终止楼号?"菜单，液晶屏显示：

```
        设置自动监视：
    ◀   终止楼号？    ▶
```

按"确认"键，提示输入终止楼号，液晶屏显示：

```
    终止楼号：
    2 5
```

输入终止楼号，按"确认"键，存储终止楼号，退出，设置完成。

c. 每楼单元数。每楼单元数指需要自动监视的所有楼中的最大单元数。在待机状态下，进入设置自动监视菜单。按"◀"或"▶"键，选择"每楼单元数？"菜单，液晶屏显示：

```
        设置自动监视：
    ◀   每楼单元数？    ▶
```

按"确认"键，提示输入每楼单元数，此时液晶屏显示：

```
    每楼单元数：
    4
```

输入每楼单元数，按"确认"键，存储每楼单元数，退出，设置完成。

2）正常显示（待机状态）。管理中心机在待机情况下，显示屏上行显示日期，下行显示星期和时间。例如2017年3月31日、星期五、13：08，液晶屏显示：

```
    2017 年 03 月 31 日
    星期五      13：08
```

如果没有通话，手柄摘机超过30s时间，管理中心机提示手柄没有挂好，伴有"嘀嘀"提示音，液晶屏显示：

```
    手柄没有挂好，
    请挂好！
```

3）呼叫。

①呼叫单元住户。在待机状态下摘机，输入"楼号＋'确认'＋单元号＋'确认'＋房间号＋'呼叫'"，呼叫指定住户。其中房间号最多为4位，首位的0可以省略不输，例如502房间，可以输入"502"或"0502"。当房间号为"950X"时，表示呼叫该单元"X"号的室外主机。挂机结束通话，若通话时间超过45s，则系统自动挂断。通话过程中若有呼叫请求进入，管理中心机发出"叮咚"提示音，闪烁显示呼入号码，用户可以按"通话"键、"确认"键或"清除"键，挂断当前的通话，接听新的呼叫。

②回呼。管理中心机最多可以存储32条被呼记录，在待机状态下按"通话"键，进入被呼记录查询状态，按"◀"或"▶"键，可以逐条查看记录信息，此过程中按"呼叫"键或者"确认"键，回呼当前记录的号码。在查看记录过程中，按数字键，输入"楼号＋'确认'＋单元号＋'确认'＋房间号＋'呼叫'"，可以直接呼叫指定的住户。

③接听呼叫。听到振铃声后，摘机与小区门口机、室外主机或室内分机进行通话，其中与小区门口机或室外主机通话过程中，按"开锁"键，可以打开相应的门。挂机结束通话。通话过程中有呼叫请求进入，管理中心机发出"叮咚"提示音，闪烁显示呼入号码，用户可以按"通话"键、"确认"键或"清除"键，挂断当前通话，接听新的呼叫。

4）监视、监听。

①手动监视、监听（GST-DJ6405/07 只有监听功能）。监视、监听单元门口：在待机状态下，输入"楼号＋'确认'＋单元号＋'确认'＋室外主机号＋'监视'"进行监视，监视指定单元门口的情况。监视、监听结束后，按"清除"键挂断。监视、监听时间超过30s自动挂断。或者输入"楼号＋'确认'＋单元号＋'确认'＋950X＋'监视'"，监视、监听相应门口的情况。

②自动监视、监听（GST-DJ6405/07 只有监听功能）。在设置菜单中设置好自动监视、监听参数，在待机状态下，按"监视"键，管理中心机可以轮流监视、监听小区门和各单元门口。监视、监听按照楼号从小到大、先小区后单元的顺序进行，每个门口约30s。在监视、监听过程中，按"监视"键或"▶"键监视、监听下一个门口，按"◀"键监视、监听上一个门口，按"确认"键回到第一个小区门口，按"清除"键退出自动监视、监听状态，按"其他"键暂时退出自动监视、监听状态，执行相应的操作，操作完成后回到自动监视、监听状态，重新从第一个小区门口开始监视。

5）开单元门。在待机状态下，输入"'开锁'＋管理员号（1）＋'确认'＋管理员密码（123）"＋楼号＋'确认'＋单元号＋9501＋'确认'"或"'开锁'＋系统密码＋'确认'＋楼号＋'确认'＋单元号＋9501＋'确认'"，均可以打开指定的单元门。

6）报警显示。在待机状态下，室外主机或室内分机若采集到传感器的异常信号，将广播发送报警信息。管理中心机接到该报警信号，立即显示报警信息。液晶屏上行显示报警序号和报警种类，报警序号按照报警发生时间排序，1号警情为最晚发生的报警，下行循环显示报警的楼号、单元号、房间号和警情发生的时间。当有多个警情发生时，各个报警轮流显示，每个报警显示大约5s。例如2号楼1单元503房间于2月24号的11：30发生火灾报警，紧接着11：40 2号楼1单元502房间也发生火灾报警，则液晶屏显示如下：

01. 火灾报警	01. 火灾报警
02#01#0502	02-24　11：40

02. 火灾报警	02. 火灾报警
02#01#0503	02-24　11：30

报警显示的同时伴有声音提示。不同的报警对应不同的声音提示：火警为消防车声，匪警为警车声，求助为救护车声，燃气泄漏为急促的"嘀嘀"声。

在报警过程中，按任意键取消声音提示，按"◀"或"▶"键可以手动浏览报警信息，摘机按"呼叫"键，输入"管理员号＋'确认'＋密码（或直接输入系统密码）＋'确认'"，如果密码正确，则清除报警显示，呼叫报警房间，通话结束后清除当前报警，如果三次密码输入错误则退回报警显示状态。按除"呼叫"键的任意一个键，输入"管理员号＋'确认'＋密码（或直接输入系统密码）＋'确认'"进入报警复位菜单，液晶屏显示：

```
请输入系统密码
█
```

正确输入系统密码，进入"清除当前报警？"菜单，液晶屏显示：

```
报警复位：
◀ 清除当前报警？ ▶
```

按"◀"或"▶"键可以在菜单"清除当前报警？"和"清除全部报警？"之间切换，以选择要进行的操作，按"确认"键，执行指定操作。例如要清除当前报警，那么选择"清除当前报警？"菜单，按"确认"键，液晶屏显示：

```
报警复位：
报警已清除！
```

7）故障显示。在待机状态下，室外主机或室内分机发生故障，通信控制器广播发送故障信息，管理中心机接到该故障信号，立即显示故障提示的信息。此时液晶屏上行显示故障序号和故障类型，故障序号按照故障发生时间排序，1号故障为最晚发生的故障，下行循环显示故障模块的楼号、单元号、房间号和故障发生的时间。当有多个故障发生时，各个故障轮流显示，每个故障显示大约5s。例如2号楼1单元室外主机于2月24日15：40发生故障，不能正常通信，则液晶屏显示：

```
01. 通信故障          01. 通信故障
02#01#9501            02-24   15：40
```

故障显示的同时伴有声音提示。声音为急促的"嘀嘀"声。

在故障显示过程中，按任意键取消声音提示。按"◀"或"▶"键，可以手动浏览故障信息，按其他任意一个键，可输入"管理员号＋'确认'＋密码（或直接输入系统密码）＋'确认'"，如果密码正确，将清除故障显示，如果三次密码输入错误，则退回故障显示状态。

8）巡更打卡显示。在待机状态下，管理中心机接到巡更员打卡信息，显示巡更打卡信息。巡更显示时显示屏上行显示巡更人员的编号，下行显示当前巡更到的楼号、单元号和门号和刷卡时间，例如2号巡更员于23点15分巡更1楼1单元2门，则液晶屏显示：

```
002 号巡更员巡更
001#01 - 02   23：15
```

在巡更打卡显示过程中，按任意键退出巡更打卡显示状态，或者时间超过1min，则自动退出。

9）历史记录查询。历史记录查询和系统设置类似，也是采用菜单逐级展开的方式，包括报警记录、开门记录、巡更记录、运行记录、故障记录、呼入记录和呼出记录等子菜单。

在待机状态下，按"查询"键进入历史记录查询菜单。

历史记录查询菜单结构如图4.5.1所示。

$$
历史记录查询菜单
\begin{cases}
查询报警记录 \\
查询开门记录 \\
查询巡更记录 \\
查询运行记录 \\
查询故障记录 \\
查询呼入记录 \\
查询呼出记录
\end{cases}
$$

图4.5.1 历史记录查询菜单结构

①查询报警记录。管理中心机最多可以存储99条历史报警记录，存储采用循环覆盖的方式，不能人为删除。存储的报警信息主要包括报警类型、报警房间和报警时间。每条报警信息分两屏显示，第一屏显示报警类型和楼号、单元号、报警房间号，第二屏显示报警类型和报警时间。例如现在有两条报警记录，第一条是2号楼1单元502房间于2月24日11：30发生火灾报警，第二条是1号楼2单元503房间于2月20日11：40发生门磁报警，则查询时液晶屏显示：

| 01. 火灾报警 | 01. 火灾报警 |
| 02#01#0502 | 02-24 11：30 |

| 02. 门磁报警 | 02. 门磁报警 |
| 01#02#0503 | 02-20 11：40 |

查询报警记录的操作方法：在待机状态下按"查询"键，进入查询历史记录菜单，按"◀"或"▶"键选择"查询报警记录?"菜单，液晶屏显示：

| 查询历史记录： |
| ◀ 查询报警记录? ▶ |

按"确认"键进入查询报警记录菜单，按"◀"或"▶"键选择查看报警记录信息，按"▶"键查看下一屏信息，按"◀"键查看上一屏信息，按"清除"键退出。

②查询开门记录。管理中心机最多可以存储99条历史开门记录，开门记录的存储采用循环覆盖的方式，不能人为删除。存储的信息主要包括楼号、单元号、开门类型和开门时间。每条开门信息分两屏显示，第一屏显示楼号、单元号和开门类型，第二屏显示楼号、单元号和开门时间。开门类型主要包括住户密码开门、公共密码开门、管理中心开门，室内分机开门、IC卡开门和胁迫开门等。例如现在有两条开门记录，第一条是2号楼1单元502房间住户于2月24日11：30使用密码打开2号楼1单元的门，第二条是1号管理员在管理中心于2月20日11：40打开了2号楼1单元的门，则查询时液晶屏显示：

| 01. 02#01 – 00 | 01. 02#01 – 00 |
| 0502 密码开门 | 02-24 11：30 |

| 02. 02#01 - 00 | 02. 02#01 - 00 |
| 01 号管理员开 | 02-20　11：40 |

查询开门记录的操作方法与查询报警记录的方法类似，请参阅报警记录的查询方法。

③查询巡更记录。管理中心机最多可以存储99条历史巡更记录，巡更记录的存储也是采用循环覆盖的方式，不能人为删除。存储的信息主要包括巡更地点、巡更员编号和巡更时间（月、日、时、分）。每条巡更记录分两屏显示，第一屏显示巡更地点和巡更员编号，第二屏显示巡更地点和巡更时间。例如2号巡更员于2月24日15：40巡更3号楼2单元1门，则查询时液晶屏显示：

| 01. 003#02 - 01 | 01. 003#02 - 01 |
| 002 号巡更员 | 02-24　15：40 |

查询巡更记录的操作方法和查询报警记录的方法类似，请参阅报警记录的查询方法。

④查询运行记录。管理中心机最多可以存储99条历史运行记录，运行记录的存储也是采用循环覆盖的方式，不能人为删除。存储的信息主要包括事件类型、实施操作的管理员号和事件发生的时间。每条运行记录分两屏显示，第一屏显示事件类型和操作人员编号，第二屏显示事件类型和事件发生时间。事件类型主要包括报警复位、故障复位、增加管理员、删除管理员、修改密码、日期设置、时间设置、设置地址、配置矩阵和开单元门等。例如现在有两条运行记录，第一条是2号管理员于2月24日11：30执行了报警复位操作，第二条是系统管理员于2月20日11：40打开了1号楼2单元的门，则查询时液晶屏显示：

| 01. 报警复位 | 01. 报警复位 |
| 02 号管理员 | 02-24　11：30 |

| 02. 开单元门 | 02. 开单元门 |
| 系统管理员 | 02-20　11：40 |

查询运行记录的操作方法和查询报警记录的方法类似，请参阅报警记录的查询方法。

⑤查询故障记录。管理中心机最多可以存储99条历史故障记录，故障记录的存储和报警记录一样，采用循环覆盖的方式，不能人为删除。存储的信息主要包括故障类型、故障地点和故障发生时间。每条故障记录分两屏显示，第一屏显示故障类型和故障地点，第二屏显示故障类型和故障发生时间。例如2号楼1单元室外主机在2月24日15：40发生故障，不能正常通信，则查询时液晶屏显示：

| 01. 通信故障 | 01. 通信故障 |
| 02#01#9501 | 02-24　15：40 |

查询故障记录的操作方法和查询报警记录的方法类似，请参阅报警记录的查询方法。

⑥查询呼入记录。管理中心机可以存储32条呼入记录。

四、任务实施

（一）任务目标

1）对室外主机、室内分机、管理中心机进行调试。

2）对室外主机、室内分机、管理中心机进行设置。

（二）调试主、配件准备

主、配件见表4.5.2。

表4.5.2　主、配件

名　　称	数　量	单　位	名　　称	数　量	单　位
多功能可视室内分机	1	台	通信电缆	若干	根
普通非可视室内分机	1	台	说明书	4	本
联网器	1	只	保修卡	4	张
层间分配器	1	只			

（三）设置要求与注意事项

1）按照教师要求对系统进行设置。

2）设置完成后进行测试。

（四）设置方法与步骤

根据本节相关知识进行设置与调试。

五、课后思考与练习

1）将某室外主机地址设置为1，写出其操作步骤。

2）室外主机如何呼叫"102"住户？

3）如何设置系统时间？

任务六　上位机软件的安装与使用

一、教学目标

1）能熟练使用上位机软件。

2）熟悉如何安装上位机软件。

3）根据实际使用情况对系统进行设置。

二、工作任务

1）安装上位机软件。

2）对系统进行通信连接。

3）对系统进行设置。

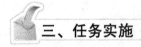 三、任务实施

（一）任务目标

1）安装上位机软件。

2）学习使用上位机软件。

（二）安装主、配件准备

主、配件见表4.6.1。

表4.6.1　主、配件

名　　称	数　　量	单　　位
已安装好的可视对讲设备	1	套
操作计算机	1	台
安装盘	1	个

（三）安装要求及注意事项

1）操作系统：Windows 2000 或 Windows XP。

2）内存：1GB 以上。

（四）安装方法及步骤

1. 安装

1）将 GST-DJ6000 光盘放入光盘驱动器中。

2）双击其中的 SETUP 文件，按提示完成安装。

2. 通信连接

1）将通信线的一端接"K7110 通信转换模块"，另一端接计算机的串口"COM1"。

2）给实训台上电。

3. 启动软件

按照"开始→程序→可视对讲管理系统"的路径，打开"可视对讲管理系统"应用软件，启动软件。

4. 使用

在软件系统运行后，首先显示启动界面，然后显示系统登录对话框，首次登录的用户名和口令（密码）均为系统默认值（用户名：1，密码：1），以系统管理员身份登录，如图4.6.1所示。

图4.6.1　系统登录

登录后，首先进入值班员的设置界面，添加、删除用户及更改密码，并保存到数据库中。下一次登录时，就可以以设定的用户身份登录。

用户登录成功后，进入系统主界面，如图 4.6.2 所示。

主界面分为电子地图监控区和信息显示区。电子地图监控区包括楼盘添加、配置、保存。信息显示区显示当前报警信息、最新监控信息和当前信息列表等。监控信息的内容包括监控信息的位置描述、信息产生的时间以及信息的确认状态；监控信息夹包括的内容：电子地图、报警信息、巡更信息、对讲信息、开门信息、锁状态信息及消息列表等。

用户登录系统后，登录的用户就是值班人。

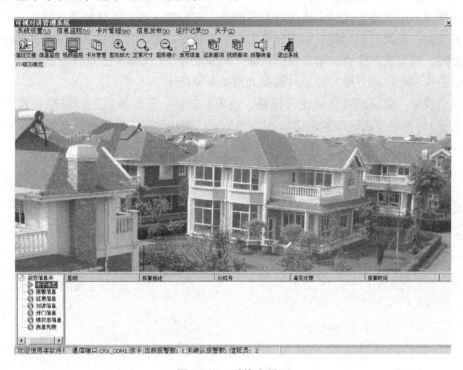

图 4.6.2　系统主界面

1）系统设置。

①值班员管理。前文介绍过，当第一次运行该系统时，系统登录是默认系统管理员登录；登录后，选择菜单命令"系统设置→值班员管理"，就可以进行值班员管理操作，即可以添加值班员、删除值班员、更改密码（密码的合法字符有：0~9，a~z）以及查看值班员的级别（选中的值班员会在值班员管理界面的标题栏显示该值班员的级别和名称）。值班员管理对话框如图 4.6.3 所示。

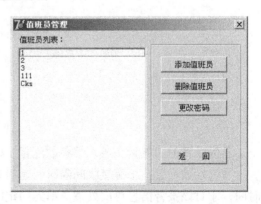

图 4.6.3　值班员管理

添加值班员：单击"添加值班员"，输入用户名、密码并选择级别，确认即可。用户名长度最多为 20 个字符或 10 个汉字。密码长度最多为 10 个字符。级别分为 3 级，分别是系统管理员、一般管理员和一般操作员。系统管理员具有对软件操作的所有权限；一般管理员除了通信设置、矩阵设置外，其他功能均能操作；一般操作员不能进行对系统设置、卡片管理和信息发布等功能进行操作。

删除值班员：从值班员列表中选择要删除的值班员，单击"删除值班员"，确认即可，但不能删除当前登录的用户及最后一名系统管理员。

更改密码：从值班员列表中选中要更改密码的值班员，单击"更改密码"；输入原密码及新密码，新密码要输入两次确认。

②用户登录。用户登录有两种情况：

启动登录：启动该系统时，要进行身份确认，需要输入用户信息登录系统。

值班交接：系统已经运行，由于操作人员的更换或一般操作员的权限不足需要更换为系统管理员时，需要重新登录，单击快捷按钮"值班交接"，这样不必重新启动系统，可避免造成数据丢失和操作不方便。登录对话框如图4.6.4所示。

③通信设置。要实现数据接收（报警、巡更、对讲、开门等信息的监控）和发送（卡片的下载等），就必须正确配置系统参数、CAN通信模块和发卡器串口，选择菜单命令"系统设置→通信设置"，对话框如图4.6.5所示。

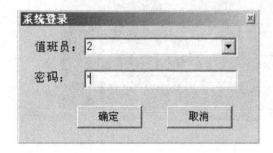

图4.6.4　登录对话框

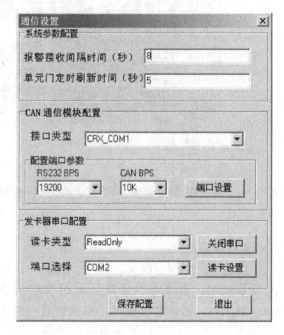

图4.6.5　通信设置

通信设置的功能是完成系统参数配置、CAN通信模块配置和发卡器串口配置。

系统参数配置：报警接收间隔时间是当有同一个报警连续发生时，系统软件经过设定的时间，才对该报警信息再次处理。单元门定时刷新时间是经过设定的时间查询单元门的状态（目前硬件不支持该功能）。

CAN通信模块配置：CAN通信模块配置完成选择计算机串口接口类型和端口参数的配置（CAN的RS-232的波特率设置和CAN端口的波特率配置）。单击"端口设置"按钮，完成 CAN 通信模块的端口配置。

发卡器串口配置：发卡器串口配置是设置发卡器的读卡类型、端口选择；发卡器波特率默认为 9600bit/s。读卡类型有 ReadOnly 和 Mifare_ 1 类型，ReadOnly 代表只读感应式 ID 卡，Mifare_ 1 代表可擦写感应式 IC 卡；端口选择包括 COM1、COM2。

特别注意：

当设置完 CAN 通信模块的配置信息，这时还是原来的配置信息，要使用新的配置信息，必须给 CAN 通信模块断电后再上电。

发卡器和 CAN 通信模块分别用不同的串口，如果设置为同一个串口，将会出现串口占用冲突情况，则应关闭读卡器占用的串口，重新设置或正确设置 CAN 通信模块的串口。

④楼盘配置。楼盘配置主要用于批量添加楼号、单元及房间的节点，在监控界面形成电子地图。在监控界面单击鼠标右键选择"批量添加节点"，出现批量添加节点对话框，如图 4.6.6 所示。

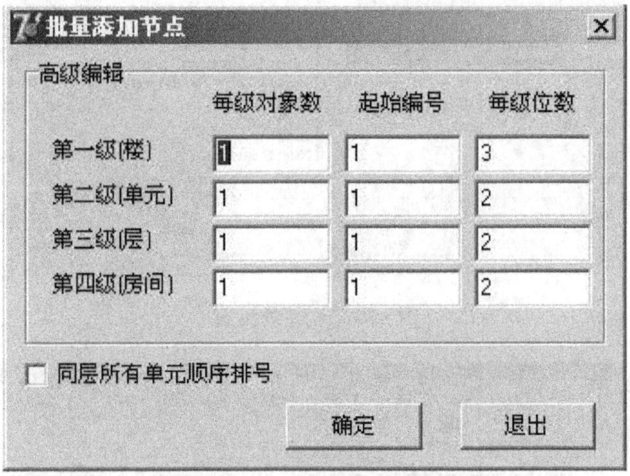

图 4.6.6　批量添加节点

根据需要填入相应的每级对象数、起始编号及每级位数。确定后，则产生所需要的楼号、单元号、层号及房间号。每级对象数是指每级对象产生的数目，如第一级（楼）：对象数为 3，起始编号为 5，位数为 3，则产生的楼号为 005、006、007，其余同理。如果选中复选框"同层所有单元顺序排号"，则产生的房间号在同一栋楼里不同单元同一层是按顺序排号的。

产生的楼号在电子地图上是放置在左上角的，单击鼠标右键，选择"楼盘配置选项"，这时可以移动楼号的位置，把楼号移到适当的位置。单击鼠标右键，选择"保存楼盘配置"，即可保存楼号的位置并自动退出楼盘配置。

⑤背景设置。选择菜单命令"系统设置→背景设置"，弹出背景设置对话框，通过该对话框可以选择不同的监控背景图。监控背景图可由其他绘图软件绘制，可以是 bmp、jpeg、jpg、wmf 等格式；大小应至少 800×600 像素。背景设置对话框如图 4.6.7 所示。

⑥退出系统。选择菜单命令"系统设置→退出系统"或单击快捷图标"退出系统"，均可退出可视对讲管理系统软件。退出时应输入当班值班员的用户名和密码。

2）卡片管理。系统配置完成后，需要注册卡片，对人员的卡片进行分配，选择菜单命令或单击快捷图标"卡片管理"进入卡片管理界面，如图4.6.8所示。

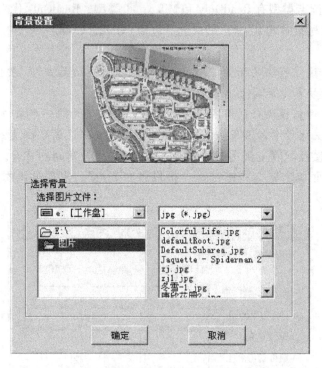

图4.6.7　背景设置

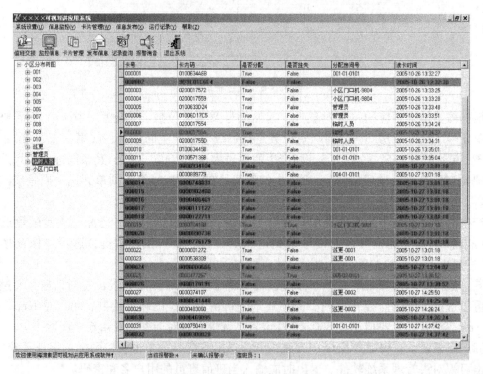

图4.6.8　卡片管理界面

从卡片管理界面可以了解卡片的信息，卡片的信息包括卡号、卡内码、是否分配、是否挂失、分配房间号及读卡时间。

"卡号"是卡片注册时的编号。

"卡内码"是卡片具有的内在固有的编码。

"是否分配"表示卡片是否分配给用户，"True"表示该卡片已分配，"False"表示该卡片还未分配，卡片分配后其背景色不再为绿色。

"是否挂失"表示该卡片是否挂失，"True"表示该卡片已挂失，"False"表示该卡片没有挂失，卡片挂失后其背景色为红色。

"分配房间号"表示该卡片分配给的用户。如"001-01-0101""管理员""临时人员""巡更-9969""巡更-9968""小区门口机-9801"，其中，"001-01-0101"只能开本单元的门；"管理员"可以开所有的单元门；"临时人员"只能开其分配的单元门；"巡更-9969"表示卡片具有巡更功能，还可以开所有的单元门；"巡更-9968"表示卡片只具有巡更功能，不能开任何的单元门；"小区门口机-9801"只能开小区的门口机单元门。没有分配则为空。

"读卡时间"则为卡片注册时间。

①添加节点。在卡片管理界面的左边栏选择要添加节点的位置，单击右键选择"添加节点"，弹出添加节点的相应对话框，添加节点有3种。

第一种是在小区分布树图、楼号及单元号节点上单击右键选择"添加节点"，对话框如图4.6.9所示。

该对话框和楼盘配置批量添加节点对话框是一样的，具体操作参见楼盘配置部分内容。

第二种是在房间号、开门巡更卡、独立巡更卡、管理员及临时人员节点上单击右键选择"添加节点"，对话框如图4.6.10所示。

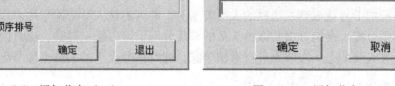

图4.6.9　添加节点（一）　　　　　　图4.6.10　添加节点（二）

通过该对话框可以添加住户、管理员、临时人员及巡更人员。

注意：人员名称不允许相同。

第三种是在小区门口机节点上单击右键，选择"添加节点"，如图4.6.11所示。

在文本框内输入小区门口机编号，小区门口机的编号只能是9801~9809，如9801表示

1 号小区门口机，对应地址为 1 的小区门口机。

②注册卡片。在卡片管理界面的左边栏单击右键选择"注册卡片"，弹出注册卡片对话框，如图 4.6.12 所示。

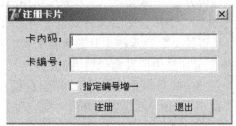

图 4.6.11　添加节点（三）　　　　　　　　图 4.6.12　注册卡片

注册卡片的功能是读取卡片，并把读取的卡片信息保存到卡片信息库中，同时为读取的卡片分配一个卡编号，以便住户、巡更或管理员分配卡片时使用。

目前，系统支持对两种卡片的读取：Mifare One 感应卡和只读 ID 感应卡。

用户刷卡后，系统会自动注册卡片，自动分配一个卡编号（卡编号不能重复），并把卡片信息写入卡片信息库中；此外，也可以手动输入信息，使之保存到卡片信息库中。

对话框中有一个复选框"指定编号增一"。如果选中"指定编号增一"复选框，用户可以输入一个指定的卡编码作为起始编号，当注册下一张卡时，系统会按照指定的编号自动增一。如果没有选中"指定编号增一"复选框，系统会自动分配数据库中没有的编号。

③读卡分配。读卡分配是注册卡片的同时把卡片分配给用户，在卡片管理界面的左边栏选择住户、巡更人员、管理员或临时人员，单击右键，选择"读卡分配"，弹出读卡分配对话框，如图 4.6.13 所示。

用户可以通过刷卡或手动输入卡内码，单击"注册"后，系统会分配一个卡编号，也可指定卡编号，同时把该卡片分配给选中的住户。

图 4.6.13　读卡分配

④卡片分配。每一人员只能拥有一张卡片，每一张卡片也只能分配给一位人员；把已注册但未分配的卡片拖放到左边栏的人员节点上，即可为该人员分配卡片。

⑤撤销分配。撤销分配是撤销人员的卡片分配，可以逐一撤销，也可以为成批撤销。成批撤销是在人员的上一级节点进行撤销分配，此时该节点下的人员卡片分配撤销。撤销分配时，系统会提示该卡片是否从控制器中删除。

⑥下载卡片。下载卡片的功能是把已经分配的卡片下载到控制器中，下载时系统会自动按照卡内码排序后再下载。下载时，可根据选择的节点确定下载的卡片，如果选择一个人员，则只下载当前卡片；如果选择一个房间，则下载一个房间的卡片，依此类推，可以选择一个单元下载单元的全部卡片；下载单元全部卡片时，系统将先删除单元控制器的所有卡片，然后将上位机分配的所有卡片下载到单元的控制器中。

下载临时卡片时必须选择要下载到的楼号、单元号。临时卡片只对下载到的单元刷卡有效。下载临时卡片如图4.6.14所示。

图4.6.14　下载临时卡片

⑦读取卡片。从单元控制器中读取卡片信息，根据卡片信息，比较下位机与上位机卡片情况，对于上位机不存在的卡片记录，自动写入数据库中；对于下位机不存在的卡片记录，或卡片的编号和卡片下载的位置不一致的卡片，系统将进行合并。在读完卡片后，用户可以选择对当前单元控制器进行卡片下载，以使上位机与下位机卡片相一致。

⑧节点更名。节点更名是更改节点的名称，可以更改楼号、单元号、房间号和人员名称，更改楼号、单元号及房间号时要慎重，更改完后，要重新下载卡片；不能更改巡更、开门巡更卡、独立巡更卡、管理员、临时人员、小区门口机节点的名称，其节点下的人员节点名称可以更改，更改后需要刷新显示。

⑨删除节点。删除节点是删除选中节点的配置信息，但不能把已经下载的卡片从控制器中删除，只是删除该节点。要删除某节点时，最好先撤销其卡片分配，然后再执行删除节点。

⑩卡片挂失。卡片挂失是挂失选中节点的配置信息，并把已经分配的卡片从单元控制器中删除，同时使卡片信息显示呈红色。

⑪撤销挂失。撤销挂失是恢复挂失的卡片信息，并重新下载卡片信息。

⑫刷新显示。刷新显示是重新载入数据信息。

⑬删除卡片。删除卡片是删除已注册但还未分配的卡片。选中未分配的卡片，在键盘上按"Delete"键，经确认后即可删除该卡片。对于已分配的卡片不能随便删除，若要删除，必须先撤销分配；如操作员一定要删除卡片，可采用组合键（Ctrl + Delete）方式删除。

3）监控信息。软件启动后，可以监控可视对讲的报警、巡更和开门等信息，监控信息的显示如图4.6.15所示。

①报警信息。报警信息主要包括防拆报警、胁迫报警、门磁报警、红外报警、燃气报警、烟雾报警及求助报警。

报警发生时，在电子地图相应的楼号和单元显示交替的红色，如果外接有扬声器，则发出相应的报警声；同时在监控信息栏显示报警的图标、报警描述、分机号、是否处理及报警时间；同一个报警信息再次出现时，只更新报警的时间，同一个报警时间的间隔在通信设置里设定。报警处理后，点击图标前的方框即可复位报警，关闭声音。报警描述的内容有楼号、单元号、室外主机或房间号（室内分机）及报警类型，如下：

防拆报警：009-03-室外机-防拆报警；表示9号楼3单元室外主机被拆卸发出的报警。

胁迫报警：009-03-室外机-胁迫报警（0301）；表示9号楼3单元301室的住户被胁迫发出的报警。

门磁报警：009-03-0101（室内机）-门磁报警；表示9号楼3单元101室门磁感应器发出的报警。

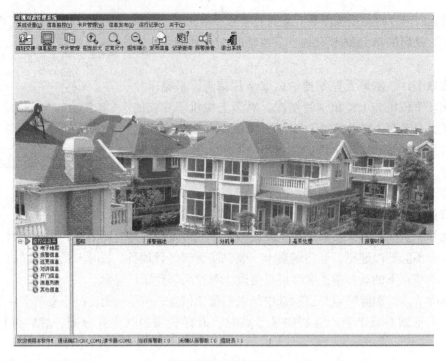

图 4.6.15　软件界面

红外报警: 009-03-0101（室内机）-红外报警; 表示 9 号楼 3 单元 101 室红外探测器发出的报警。

燃气报警: 009-03-0101（室内机）-燃气报警; 表示 9 号楼 3 单元 101 室燃气传感器发出的报警。

烟雾报警: 009-03-0101（室内机）-烟雾报警; 表示 9 号楼 3 单元 101 室烟雾传感器发出的报警。

求助报警: 009-03-0101（室内机）-求助报警; 表示 9 号楼 3 单元 101 室用户按求助按钮发出的报警。

报警消音: 单击快捷图标"报警消音", 将关闭报警的声音, 但不复位报警。

清除记录: 当监控信息栏上的记录越来越多时, 单击鼠标右键, 选择"清除记录", 即可把该栏下的信息清空, 而不会删除数据库的记录。

②对讲信息。对讲信息是当发生对讲业务时显示的信息, 包括图标、发起方、响应方、对讲类型及发生时间; 发起方和响应方的内容包括室外机（即室外主机）、室内机（即室内分机）、管理机、小区门口机, 格式如下:

- 室外机: 003-01-室外机（01）; 01 表示分机号。
- 室内机: 003-01-0103（室内分机）。
- 管理机: 管理中心机（08）。
- 小区门口机: 01 号小区门口机（01）。

对讲类型包括对讲呼叫、对讲等待、对讲通话及对讲挂机。

③开门信息。开门信息是管理中心机开门、用户刷卡开门、用户密码开门、室内分机开

门的信息，包括图标、房间号、分机号、开门类型及开门时间。

房间号是指被开门的设备（如小区门口机、室外主机）的编号；分机号是指被开门的设备的分机号；开门类型是指开门的方式：用户卡开门、用户卡开门（巡更-01）、管理中心开门、分机开门、用户密码开门、公用密码开门、胁迫密码开门。

4）运行记录。运行记录包含了系统运行时的各种信息，主要包括报警、巡更、开门、对讲、消息、故障。这些信息都存在数据库中，用户可以进行查询、数据导出及打印等操作。选择菜单命令"运行记录"，操作界面如图4.6.16所示。

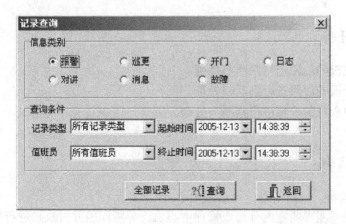

图 4.6.16　运行记录

运行记录查询：当用户要查找所需信息时，单击快捷图标"记录查询"，弹出记录查询对话框，如图4.6.17所示。

图 4.6.17　记录查询

查询信息可以按照信息类别分类，分为报警、巡更、开门、日志、对讲、消息和故障。用户可以根据要求输入查询条件：记录类型、值班员、起始时间和终止时间。每种信息对应不同的数据类型，数据类型的分类如下：

报警信息的数据类型有门磁报警、红外报警、燃气报警、烟雾报警、胁迫报警、防拆报警和求助报警。

巡更信息的数据类型有巡更路线、巡更开门和巡更人。

开门信息的数据类型有用户密码开门、用户卡开门、分机开门、胁迫密码开门、管理中心开门和公用密码开门。

日志信息的数据类型有启动系统、关闭系统、值班员交接和值班员等。

对讲信息的数据类型包括对讲呼叫、对讲等待、对讲通话和对讲挂机。

消息信息的数据类型有已读和未读。

故障信息的数据类型有模块通信故障、自检故障和控制器短路。

全部记录：单击"全部记录"，显示所有记录信息。

四、课后思考与练习

1）如何注册卡片？
2）报警信息的数据类型有哪些？
3）在可视对讲系统中，信息类型主要有哪几类？每类具体包含哪些信息？

任务七　设备故障的判断与处理

一、教学目标

1）能根据系统不正常现象判断故障发生的原因。
2）能快速、熟练地对故障进行处理。

二、工作任务

1）对室外主机的故障进行判断与处理。
2）对室内分机的故障进行判断与处理。
3）对管理中心机的故障进行判断与处理。

三、任务实施

（一）任务目标
1）室外主机不能呼叫室内分机或管理中心机，分析原因并对故障进行排查。
2）室内分机不能与室外主机或管理中心机进行正常通信，分析原因并对故障进行排查。

3）管理中心机不能呼叫住户，不能和室外主机通信，分析原因并对故障进行排查。

（二）主、配件准备

主、配件见表4.7.1。

表4.7.1 主、配件

名　称	数　量	单　位
已安装好的对讲设备	1	套
产品说明书	1	本
管理计算机	1	台

（三）工具准备

使用的工具见表4.7.2

表4.7.2 使用的工具

序　号	名　称	数　量	用　途
1	万用表	1台	线路测试用
2	小一字螺钉旋具	1个	排查线路用
3	小十字螺钉旋具	1个	排查线路用
4	长柄螺钉旋具	1个	排查线路用
5	剪刀	1把	剪线用

（四）要求及注意事项

1）正确判断系统的接线。

2）接线前确保系统断电，以免烧坏设备。

（五）故障判断与处理方法

1）室内分机常见故障及解决方法。室内分机常见故障及解决方法见表4.7.3。

表4.7.3 室内分机常见故障及解决方法

序号	故障现象	故障原因分析	解决方法
1	开机指示灯不亮	电源线未接好	接好电源线
2	无法呼叫或无法响应呼叫	1. 通信线未接好 2. 室内分机电路损坏	1. 接好通信线 2. 更换室内分机
3	被呼叫时没有铃声	1. 扬声器损坏 2. 处于免打扰状态	1. 更换室内分机 2. 恢复到正常状态
4	室外主机呼叫室内分机或室内分机监视室外主机时显示屏不亮	1. 显示模块接线未接好 2. 显示模块电路故障 3. 室内分机处于节电模式	1. 检查显示模块接线 2. 更换室内分机 3. 系统电源恢复正常，显示屏可正常显示
5	能够响应呼叫，但通话不正常	音频通道电路损坏	更换室内分机

2）室外主机常见故障及解决方法。室外主机常见故障及解决方法见表4.7.4。

表 4.7.4　室外主机常见故障及解决方法

序号	故障现象	原因分析	排除方法
1	住户看不到视频图像	视频线没有接好	重新接线,将视频输入和视频输出线交换
2	住户听不到声音	音频线没有接好	重新接线,将音频输入和音频输出线交换
3	按键时数码管不亮,没有按键音	无电源输入	检查电源接线
4	刷卡不能开锁或不能巡更	卡没有注册或注册信息丢失	重新注册
5	室内分机无法监视室外主机	室外主机地址不正确	重新设定室外主机分机地址
6	室外主机一上电就报防拆报警	防拆开关没有压住	重新安装室外主机

3）管理中心机常见故障及解决方法。管理中心机常见故障及解决方法见表 4.7.5。

表 4.7.5　管理中心机常见故障及解决方法

序号	故障现象	原因分析	排除方法	备注
1	液晶屏无显示,且电源指示灯不亮	a. 电源电缆连接不良 b. 电源损坏	a. 检查连接电缆 b. 更换电源	
2	呼叫时显示通信错误	a. 通信线接反或没接好 b. 终端没有并接终端电阻	a. 检查通信线连接 b. 接好终端电阻	
3	显示接通呼叫,但听不到对方声音	a. 音频线接反或没接好 b. 矩阵没有配置或配置不正确	a. 检查音频线连接 b. 检查矩阵配置,重新配置矩阵	
4	显示接通呼叫,但监视器没有显示	a. 视频线接反或没有接好 b. 矩阵没有配置或配置不正确	a. 检查视频线连接 b. 检查网络拓扑结构设置和矩阵配置,重新配置矩阵	
5	音频接通后自激啸叫	a. 扬声器音量调节过大 b. 传声器输出过大 c. 自激调节电位器调节不合适	a. 将扬声器音量调节到合适位置 b. 打开后壳,调节传声器电位器到合适位置 c. 打开后壳,调节自激调节电位器到合适位置	
6	常鸣按键音	键帽和面板之间进入杂物导致死键	清除杂物	

四、课后思考与练习

1）住户不能看见图像,请分析其原因,并写出解决的方法。

2）住户不能呼叫管理中心机,请分析其原因,并写出解决的方法。

3）室外主机不能呼叫住户,请分析其原因,并写出解决的方法。

项目小结

1）可视对讲系统的功能。

2）可视对讲系统的结构。

3）管理中心机、室外主机和室内分机的安装、接线要求。

4）通过管理中心机设置联网器地址和自身地址；通过室外主机设置联网器地址和室内分机地址；通过多功能室内分机设置其地址。

5）管理中心机、室外主机和室内分机相互呼叫。

项目五　停车场管理系统的安装与维护

停车场管理系统是通过计算机、网络设备、车道管理设备搭建的一套对停车场车辆出入、场内车流引导、收取停车费进行管理的网络系统。它通过采集记录车辆出入记录、场内位置，实现车辆出入和场内车辆的动态和静态的综合管理。系统一般以射频感应卡为载体，通过其记录车辆进出信息，通过管理软件完成收费策略实现、收费账务管理及车道设备控制等功能。

任务一　停车场管理系统的认知

一、教学目标

1）熟悉停车场管理系统的各类设备。
2）熟悉停车场管理系统的结构图及工作原理。
3）熟悉停车场管理系统的功能。

二、工作任务

1）画出停车场管理系统的结构图并写出其工作原理。
2）写出停车场管理系统的功能。

三、相关知识

（一）停车场管理系统的功能介绍
1）临时卡预读，预出卡。
2）多画面图像实时监控，图像对比，证件抓拍。
3）车牌自动识别。
4）支持全嵌套停车场模式。
5）实时监控地感、道闸、出卡机的状态。
6）语音可自定义内容，自由加载，可设置卡片预警提示。
7）显示屏可自定义内容，自由加载。

8）具备月卡、免费卡、储值卡、临时卡出/入场的管理功能。

9）对非法开闸，记录相关数据并抓拍图像。

10）具有多种人工处理方式，确保出入口管理畅通。

11）自动检验出/入口控制机时间日期。

（二）停车场管理系统的性能参数

停车场管理系统的性能参数可参考表 5.1.1。

表 5.1.1　停车场管理系统的性能参数（参考）

操作系统	Windows 2000
工作电压	AC 220V/50Hz
环境温度/℃	-25 ~ 65
相对湿度	≤95%RH
卡片类型	IC 卡/ID 卡
读卡距离	50 ~ 80mm/50 ~ 100mm
脱机存储容量	10 万条
机号设置	IP 地址分配
通信方式	以太网（TCP/IP）
数据查询响应时间/s	≤5（100 万条记录中查询）
数据更新处理时间/s	≤3
语音提示	自定义语音内容，提示音量≥60dB
显示内容	自定义显示内容，不超过 50 个汉字
临时卡出卡机	卡片 150 ~ 200 张，出卡时间≤2s
车流量	≥2500 辆（日流量）
整机尺寸	1455mm×500mm×350mm

（三）停车场管理系统的系统组成

1. 系统结构

系统结构如图 5.1.1 所示。

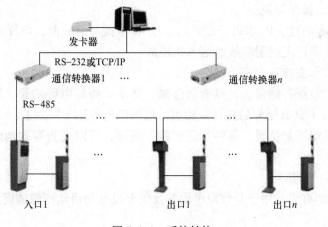

图 5.1.1　系统结构

2. 硬件组成

1) 出入口控制机（如图 5.1.2 所示）。

功能：

①智能停车场控制器。

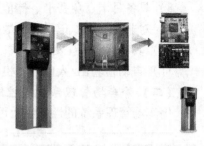

• 通过车辆检测器感知有无车辆，无车时不发卡或
读卡。

• 读卡有效、无效判别，有效则发出起闸信号，无效
则声光报警。

图 5.1.2 出入口控制机

• 系统随时识读进入票箱感应区内已经过合法授权的场外 IC 卡，一次性读取卡上的卡
类、卡号、挂失标志、进出场标志及有效期等数据项，送智能停车场控制器处理后，一次性
写入相关标志与数据，然后根据卡类进入相应的处理程序。

• 使用设计良好的开关电源，有效防止从电源线进入的高频噪声和冲击对系统运行的干
扰，内部控制板带定时电路，可以在程序运行异常时复位系统重新开始工作。

• 控制输入和输出部分采用了光电耦合，阻断了外部信号对智能停车场控制器的电
冲击。

• 考虑抗干扰、防雷、防尘和防水方面性能，加强了设备的可靠性。

• 具有非接触式使用的特点，无须插入读写器，只需在票箱感应区 10 ~ 15cm 距离内掠
过即可（可放置在钱包内使用）

②自动出卡机。

• 自动出卡机在塞卡或无卡时产生报警信号提示。

• 出卡速度快，对卡无任何磨损。

③LED 显示屏。

• LED 显示屏平时显示时钟与日期。

• 在读卡时，显示卡号、卡类型及状态（有效、过期、挂失、进出场状态）。

• 智能停车场控制器出现异常时，LED 显示屏显示其工作状态。

④IC 卡读写器。

• IC 卡读写器无机械动作，无摩擦，使用寿命长。

• 读写速度快，操作简便。

• 使用时没有方向性，IC 卡以任意方向掠过 IC 卡读写器表面，均可完成读写工作。

• 读写器与 IC 卡以无线射频线通信方式联系

• 读写器与 IC 卡实施双向密码鉴别。

• 感应式 IC 卡数据存储量大，具有防强磁、防水、防静电等功能，加之其芯片隐藏于
卡内，比接触式 IC 卡具有更好的防污损功能，数据保持可达十年以上。

• 感应式 IC 卡绝不能仿冒，软件设置完善、周密，可以更为有效地防止资金流失和确
保车辆安全。

⑤车辆检测器（地感）。

• 可感知车辆的有无，用于开放取卡设备及读卡设备和启动图像捕捉。

⑥对讲分机。

• 通过对讲分机，可实现与中心的对话，以便处理突发情况

2）道闸（以捷顺Ⅱ型道闸为例，如图 5.1.3 所示）。

主要特点：

- 采用数字 PLC 控制，可自定义开闸延时。
- 带记忆功能，记录非法开闸，智能防砸车。
- 采用 140W 直流电动机，与 300W 电动机相比，省电高达 54%。
- 采用无刷电动机，运行平稳、无噪声。
- 通过 200 万次出厂测试，性能稳定。

3）服务器（如图 5.1.4 所示）。

图 5.1.3　道闸　　　　　　　图 5.1.4　服务器

服务器存储有公共信息（如入场信息）和提供服务的应用程序，它有以下三种服务功能：

- 认证服务：验证卡的合法性。
- 记录处理服务：处理出入场记录和车位信息。
- 计费服务：计算停车费用。

特点：使用后备电源，具有掉电数据保护，保证数据安全。

3. 软件组成

以捷顺停车场管理系统软件组成为例。

1）管理中心软件。管理中心软件界面如图 5.1.5 所示。

图 5.1.5　管理中心软件界面

管理中心功能如图5.1.6所示。

图5.1.6 管理中心功能

2）停车场管理软件。界面如图5.1.7所示。

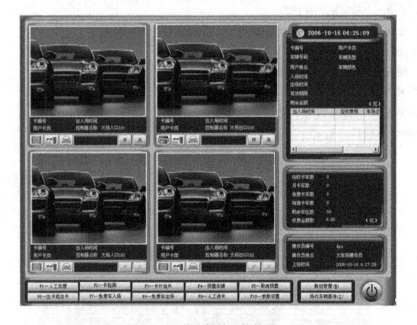

图5.1.7 停车场管理软件界面

4.其他组件

1）图像对比系统，如图5.1.8所示。

2）对讲系统，如图5.1.9所示。

3）附件，如车位显示屏，如图5.1.10所示。

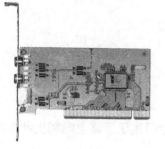

图 5.1.8　图像对比系统　　　图 5.1.9　对讲系统　　　图 5.1.10　车位显示屏

四、任务实施

（一）任务目标

1）了解停车场管理系统的功能。

2）知道停车场管理系统的主要设备，每个设备的作用及安装的位置。

（二）设备准备

1）参观学校停车场管理系统实训设备。

2）参观学校门口停车场管理系统。

（三）要求及注意事项

1）根据现场情况，说出每个设备的名称。

2）现场模拟系统各个功能的实现。

五、课后思考与练习

1）停车场管理系统的功能有哪些？

2）画出停车场管理系统的结构图。

3）停车场管理系统主要有哪些设备？

任务二　电动道闸和出入口控制机的安装与接线

一、教学目标

1）了解电动道闸的种类以及应用的场所。

2）了解出入口控制机的作用及安装位置。

二、工作任务

1）按行业标准要求安装电动道闸。

2）按行业标准要求安装出入口控制机。

3）对电动道闸和出入口控制机进行接线。

三、相关知识

（一）电动道闸

1）电动道闸简介。电动道闸（如图5.2.1所示）是专门用于道路上限制机动车行驶的通道出入口管理设备，现广泛应用于公路收费站、停车场、小区、企事业单位门口，管理车辆的出入。电动道闸可单独通过遥控实现起落杆，也可以通过停车场管理系统（即IC刷卡管理系统）实行自动管理。在单独使用道闸的场合，可由手动按钮或无线电遥控器控制闸的起落。停电等特殊情况甚至可用摇臂纯手工控制闸杆升降。在不安装计算机和刷卡装置的情况下，电动道闸也可独自运行，这拓宽了其使用领域。

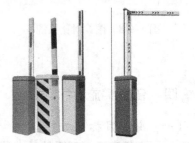

图5.2.1 电动道闸

按闸杆外形，电动道闸主要有直杆道闸、折叠型道闸、栅栏型道闸和伸缩型道闸等。

2）道闸方向的定义。闸杆向右方落下的为右向道闸，而闸杆向左方落下的则为左向道闸，如图5.2.2所示。

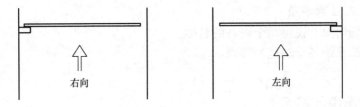

图5.2.2 道闸方向的定义

3）常用道闸。常用道闸见表5.2.1。

表5.2.1 常用道闸

杆　型	规　格	外　观	适用场所
直杆道闸	$2.5m < L \leq 3m$		小区、写字楼等较小的出入口
	$5m < L \leq 6m$		工厂、医院等较大的出入口

（续）

杆 型	规 格	外 观	适用场所
折叠型道闸	2.5m < L ≤ 6m		小区、商厦等宽度较宽、高度较低的地下车库等场所
栅栏型道闸	对二栏栅栏 L ≤ 4.5m		高档社区、商业大厦、政府机关单位、机场、大型文化展馆
伸缩型道闸	3m < L ≤ 10m		高档社区、商业大厦、政府机关单位、机场、大型文化展馆

注：L 为闸杆长度。

4）直杆道闸的主要组成部件。主要组成部件有主机、闸杆插头和闸杆等，主机由机箱、机芯和电控系统等组成，如图 5.2.3 所示。

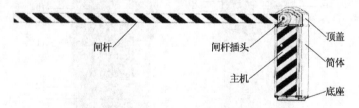

图 5.2.3 道闸主要组成部件

5）基本原理。主机利用电动机通过减速机构、连杆传动机构来实现闸杆的升降，通过直流伺服控制技术中的位置环控制方式对闸杆的极限位置进行自动定位，并通过行程时间、机械限位机构来实现行程保护功能。工作原理示意图如图 5.2.4 所示。

（二）出入口控制机

1）出入口控制机简介。出入口控制机是停车场管理系统出入口控制的核心。在提供实用、先进的自动控制功能的同时，有效控制成本。出入口控制机用在既有月卡车辆自助进出场、又有临时车辆自助进出场的停车场管理系统中，与出入口设备一起安装在停车场出入口通道一侧的

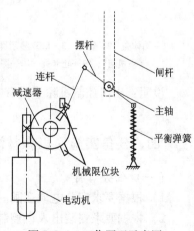

图 5.2.4 工作原理示意图

安全岛上，用于监控出入口设备以及为车辆进出场提供自助服务。出入口控制机外观如图5.2.5所示。在完整的停车场管理系统中，电动道闸接出入口控制机，可设置为刷卡时自动开启，也可设置为由计算机确认后才起杆。

a) 入口控制机　　　　　　b) 出口控制机

图5.2.5　出入口控制机外观

2）设备构成。以入口控制机为例，如图5.2.6所示。

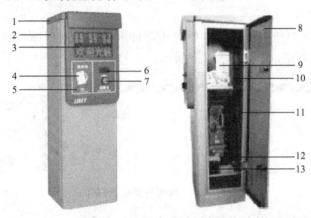

图5.2.6　入口控制机设备构成

1—箱体盖　2—箱体　3—LED显示屏　4—读卡区域　5—帮助按钮（对讲按钮）　6—出卡口　7—取卡按钮
8—机箱门　9—吐卡机　10—测试卡按钮　11—智能控制主板　12—接线端子排　13—车辆检测器

说明：出口控制机除了没有吐卡功能，其他与入口控制机一样。

 四、任务实施（以森林海的 BA2000-TC 设备为例）

（一）任务目标

1）根据要求安装电动道闸。

2）根据要求安装出入口控制机。

3）完成入口道闸和入口控制机的接线。

4）根据要求安装地感线圈。

（二）安装主、配件准备

主、配件见表5.2.2。

表5.2.2 主、配件

名 称	数 量	单 位	名 称	数 量	单 位
电动道闸	1	个	线材	1	批
地感线圈	若干	个	线管	1	批
入口控制机	1	个	辅材	1	批
出口控制机	1	个			

（三）工具准备

使用的工具见表5.2.3。

表5.2.3 使用的工具

序 号	名 称	数 量	用 途
1	万用表	1块	施工布线测试
2	电工多功能工具箱	1套	布线施工、系统安装调试
3	调速电锤	1把	施工、布线、敷设管用
4	调速电钻	1把	
5	调速手电钻	1把	
6	电缆测试仪	1台	测试电缆用

（四）设备安装要求及注意事项

1）入口控制机和道闸间的距离不得少于3m，如图5.2.7所示。

2）临时卡收费处和道闸间的距离不得少于3m，如图5.2.8所示。

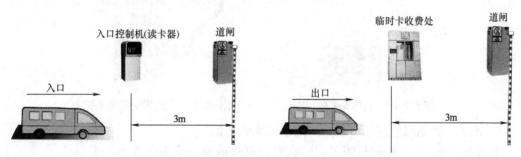

图5.2.7 入口控制机和道闸间的距离要求　　　图5.2.8 道闸和临时卡收费处的距离要求

（五）设备安装

1）电动道闸的安装。

①确定位置。电动道闸一般安装在专门制作的混凝土安全岛上，与其他出入口设备保持

合理的安全距离（如图5.2.9所示），闸杆面朝外（即路口）。混凝土安全岛一般高出地面一定高度，并确保与周围地基结合牢固。

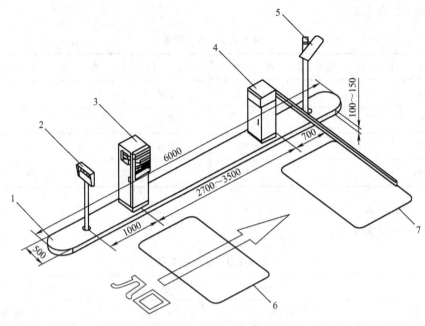

图5.2.9　入口设备安装示意图

1—混凝土安全岛　2—车位指示屏　3—入口控制机　4—电动道闸　5—抓拍摄像机　6、7—车辆检测器

②安装箱体。将箱体放置在确定的位置上，打开箱门，用记号笔或螺钉旋具在箱底板孔位处划线，并移开箱体。然后使用冲击钻分别在记号上打上膨胀螺钉，孔深70～80mm，并放入膨胀螺钉。最后将箱体移回来，调好水平度、垂直度，再拧紧螺母，箱体安装完毕。箱体安装效果图如图5.2.10所示。

③安装闸杆。打开箱门摇转电动机摇柄，使箱体内闸杆夹至水平位置。然后将闸杆带有螺钉孔端水平放入箱内闸杆夹槽内，套上外闸杆夹、平垫圈，并拧紧螺母。最后调节道闸杆托，使闸杆处于水平位置。闸杆安装示意图如图5.2.11所示。

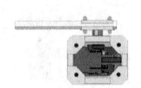
图5.2.10　箱体安装效果图

图5.2.11　闸杆安装示意图

2）出入口控制机的安装（以入口控制机安装为例）。

①确定位置。入口控制机需要安装在专门制作的混凝土安全岛上，与其他出入口设备保持合理的安全距离（如图5.2.9所示）。

②设备固定。入口控制机机箱底座有四个$\phi16$mm的安装孔（如图5.2.12所示），将箱体放置在确定的位置上，打开箱门，用记号笔或螺钉旋具在箱底板孔位处划线，并移开箱体。然后使用冲击钻分别在记

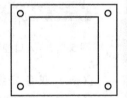
图5.2.12　孔位图

号上打上膨胀螺钉，孔深70~80mm，并放入φ12mm×100mm的国标膨胀螺钉。最后将箱体移回来，调好水平度、垂直度，再拧紧螺母，入口控制机安装完毕。

说明：出口控制机的安装方法和入口控制机的安装方法相同。

3）入口道闸和入口控制机的接线。

①入口道闸接线板如图5.2.13所示。

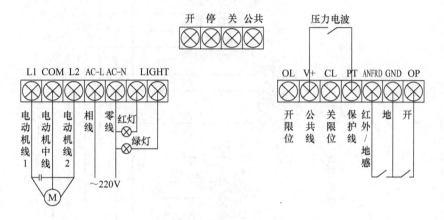

图5.2.13 入口道闸接线板

②入口控制机接线板如图5.2.14所示。

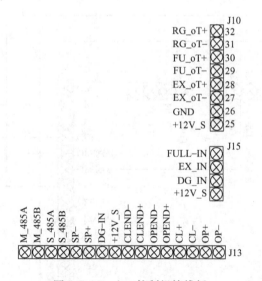

图5.2.14 入口控制机接线板

③入口道闸和入口控制机的连接如图5.2.15所示。

说明：出口道闸和出口控制机的连接类似。

4）地感线圈的安装。除非条件不允许，线圈应该是长方形。两条长边与金属物运动方向垂直，彼此间距推荐为1m。长边的长度取决于道路的宽度，通常两端比道路间距窄30cm。

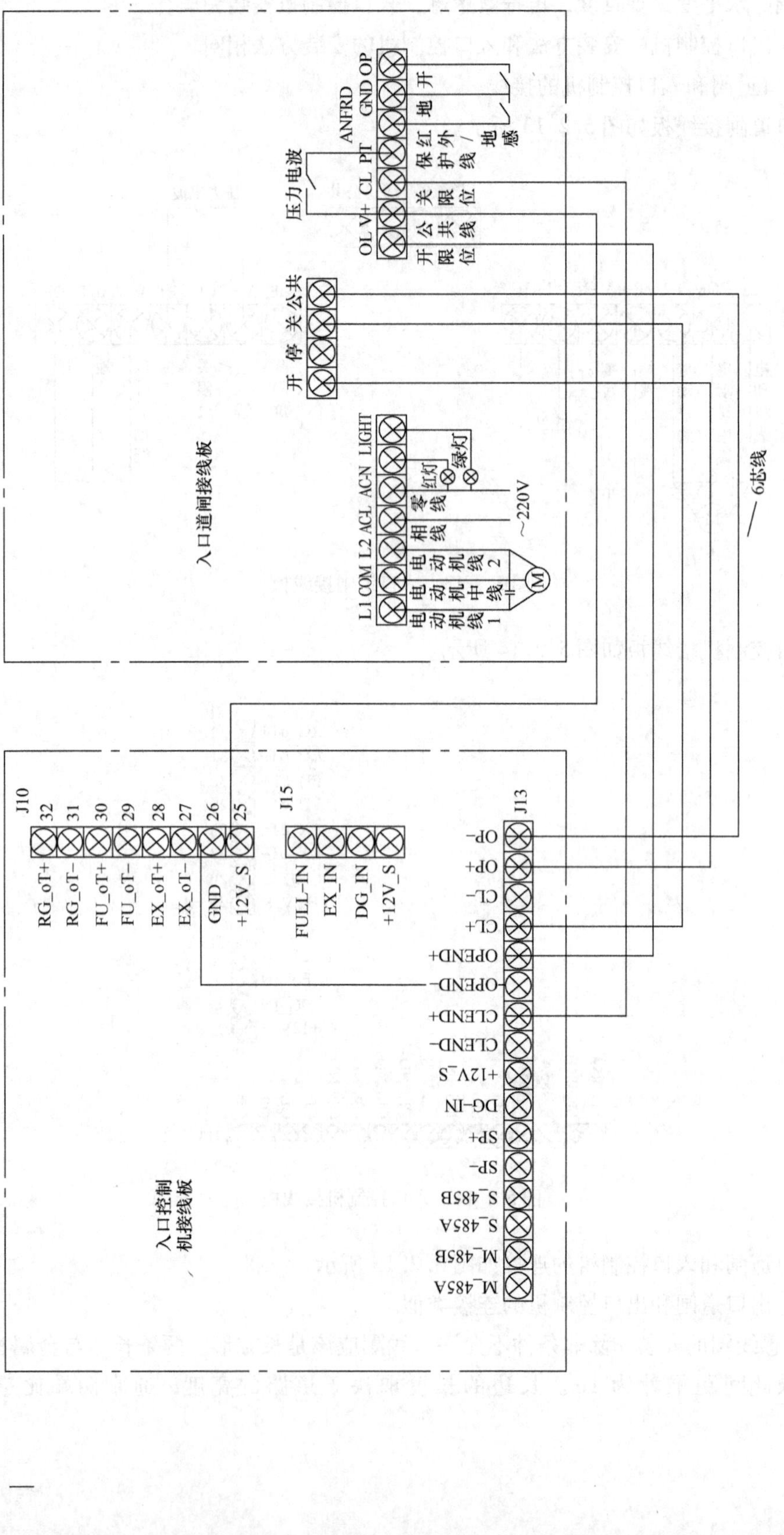

图 5.2.15 入口道闸和入口控制机的连接

线圈周长如果超过 10m，需要绕两匝；周长如果在 10m 以内，需要绕 3 匝或更多；周长在 6m 以内，要绕 4 匝。线圈电感为 50～200mH。

线圈安装时，首先要用切路机在路面上切一长方形槽。在四个角上进行 45°倒角，如图 5.2.16 所示，防止尖角破坏线圈电缆。切槽宽度一般为 4mm，深度为 30～50mm。

在埋设线圈电缆时，要留足够的长度以便连到车辆检测器，且保证中间没有接头。绕好后，将线圈电缆通过引出线槽连出，引出线是紧密双绞形式，每米至少绞合 20 次。由于线圈的灵敏度随引出线长度的增加而降低，所以引出线的长度应尽可能短，不能超过 100m。埋好后，用水泥或环氧树脂封上。

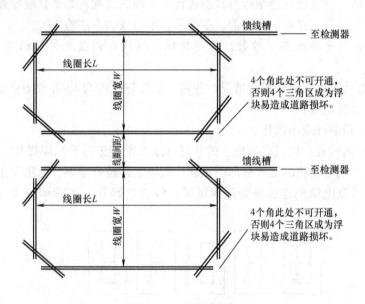

图 5.2.16 地感线圈

五、课后思考与练习

1）简述电动道闸的安装步骤。

2）画出入口道闸和入口控制机的接线图。

3）安装地感线圈有哪些要求？

任务三 停车场管理系统状态检查、设置与功能调试

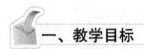

一、教学目标

1）能对道闸进行认真检查。

2）对系统进行试运行。

3）对系统设备功能进行调试。

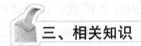

二、工作任务

1）电动机上电检查，闸杆位置、行程和平衡状态检查。

2）手动运行方式调试、自动运行方式调试、远程控制调试和断电升闸调试。

三、相关知识

系统在出厂前，一般已对道闸运行状态进行了正确的设置，并认真地检查过，但为了保证道闸可靠、安全运行，在系统运行前，要按照以下步骤和方法检查。

注意：检查应在手动状态下进行，需要拆线、接线或调整元件时必须在断电情况下进行。

1）仔细复查系统的安装、接线情况，并将三联按钮上的自动/手动开关拨到手动状态，在确认无误后，接通电源。

2）上电后道闸闸杆应不动作。

3）电动机转向检查：用三联按钮上的开闸键或关闸键进行升或降操作，检查电动机的旋转方向，如果发现电动机的旋转方向不正确，则应立即按停止键使道闸停止运行，然后断电，按照接线图检查电动机连线是否正确可靠，检查拨码开关 SW2-1（如图 5.3.1 所示）位置是否正确。

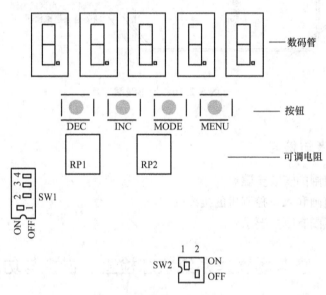

图 5.3.1　SW2-1 拨码开关

4）数码管显示检查：用三联按钮上的开闸键或关闸键进行升或降操作。按下三联按钮的开闸键，设置板上的左边第一个数码管显示 "O"（Open 第一个字母）；当闸杆开到位时，设置板上的左边第一个数码管显示 "H"（High 第一个字母）。按下关闸键，设置板上的左边第一个数码管显示 "C"（Close）；当闸杆关到位时，设置板上的左边第一个数码管显示 "L"（Low）；当闸杆停中间时，设置板上的左边第一个数码管显示 "S"（Stop）。

5）闸杆位置检查：用三联按钮的开闸键或关闸键进行升或降操作，道闸自动进行开到位检查，仔细观察闸杆在水平、垂直两极限位置是否停位准确，若有误差，需要再调节。

6）开关闸行程检查：用三联按钮的开闸键或关闸键进行升或降操作，数码管显示数字的变化范围即为开关闸的行程。

7）闸杆平衡状态检查：在断电状态下，使闸杆处于大致45°的中间位置，移除施加在闸杆上的外力后，闸杆应保持不动。

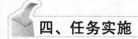

四、任务实施

（一）任务目标

1）对道闸参数进行设置。

2）对设备功能进行调试。

（二）要求及注意事项

1）需专业技术人员调试。

2）在道闸开、关操作过程中，严禁行人在闸杆的下面行走，以防造成不必要的人身伤害。

3）应确保系统的保护地可靠接上，以防伤害人身安全等意外情况的发生。

（三）调试、设置的方法和步骤

1. 手动运行方式调试

三联按钮盒上的自动/手动开关一定要拨到手动位置，即红色指示灯亮。

1）开闸操作：在闸杆未开到位的静止状态下，按下三联按钮的开闸键，这时闸杆会升起，并应在垂直位置停止，设置板上的数码管显示开到位（"H" +位置数字）。

2）关闸操作：在闸杆未关到位的静止状态下，按下三联按钮的关闸键，这时闸杆会降落，并应在水平位置停止，设置板上的数码管显示关到位（"L" +位置数字）。

3）停止操作：在关闸过程中，按下停止键，闸杆应执行停闸动作（在开闸过程中，不响应停闸操作）。

4）防砸车功能：

①车辆检测器防砸车功能：按开闸键，将闸开到位，再进行关闸操作，在落杆过程中，如果车辆检测器上有车（可用铁板模拟），这时闸杆会立即停止或自动进行开闸动作（与拨码开关SW1-3状态有关）。注：只有系统配置了车辆检测器，方有此功能。

②自检防砸车功能：按开闸键，将闸开到位，再进行关闸操作，在落杆过程中，用手臂或其他物体触及闸杆底部，这时闸杆会立即停止并开闸回升，且手臂应无明显的疼痛感。

5）开优先功能：在关闸过程中或停止状态下按下开闸键，闸杆会立即自动升杆，并开到位。

2. 自动运行方式调试

三联按钮盒上的自动/手动开关一定要拨到自动位置，即红色指示灯灭，且系统必须配置车辆检测器（若无此配置，则无本项调试）。

1）开闸操作：按下三联按钮盒上的开闸键，这时闸杆应立即升起并准确地停在开到位状态。

2）自动关闸：闸杆在升到位后，如果有车辆（可通过其他铁质东西模拟）通过车辆检测器后，则道闸应自动进行关闭动作。

3）防砸车功能：

①车辆检测器防砸车功能：按开闸键，将闸开到位，再按 b 进行自动关闸操作，在关闸过程中，如果车辆检测器上有车，这时闸杆会立即停止或自动进行开闸动作。

②自检防砸车功能：按开闸键，将闸开到位，再按 b 进行自动关闸操作，在落杆过程中，用手臂或其他物体触及闸杆底部，这时闸杆会立即返回，且手无明显的疼痛感。

4）开优先功能：在自动落杆的过程中按下开闸键或模拟车辆检测器上有车通过时，闸杆会立即自动升杆，并开到位。

3. 远程控制调试

当用管理计算机对道闸的开、关、停等进行远程控制时，需进行以下设置和测试：

1）通信地址设置：设置板上拨码开关 SW1-4，ON 为机号 1，OFF 为机号 2。

2）通过计算机的管理软件，进行道闸的开、关、停操作，道闸应能准确地执行相关动作，否则应仔细检查通信线路。

4. 断电升闸调试

在停电等情况下，闸杆处于水平位置时，直接手推闸杆，闸杆应能无障碍地抬起来。

 五、课后思考与练习

1）当用管理计算机对道闸进行开、关、停等远程控制时，需进行哪些设置？
2）系统运行方式有哪几种？

任务四　停车场管理系统软件的使用

 一、教学目标

1）能独立应用停车场管理系统软件。
2）会安装停车场管理系统软件。
3）熟悉系统的参数设置。

 二、工作任务

1）安装停车场管理系统软件。
2）安装视频卡驱动。

 三、相关知识

系统软件的特点（以森林海停车场管理系统软件为例）：

1）采用计算机模拟控制，自动程度高、使用简捷。

2）具有友好的全中文操作界面。中文菜单显示，每个操作步骤都有详细的提示，操作人员使用直观、方便，非专业人员经简单培训即可上机操作。

3）有完善的财务统计功能，自动完成各类报表（班报表、日报表、月报表、年度报表）。

4）有严密的分级（权限）管理制度，使各级操作者责、权分明。

5）采用积木式的程序设计，使系统功能的增删和改进极为便捷，大大提高了系统的适应性。

6）具有系统自维护功能，使故障的查找与排除更为便捷。

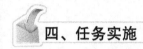 四、任务实施

（一）停车场管理系统软件的安装

如果之前安装过 SQL Sever 2000，需清理注册表。单击"开始→运行"，输入"regedit"，单击"确定"。然后选择"HEKY_LOCAL_MACHINE\SYSTEM\ControlSet001\ Control\ Session Manager"，右侧选中列表内"PendingFileRenameOperations"，单击右键删除即可。

对计算机的配置要求，一般为当前的普及配置即可，由于该系统需要进行视频采集，所以需要计算机上留有 2 个扩展槽，用来插视频卡。

1）安装 SQL Sever 2000 个人版。安装初始界面如图 5.4.1 所示。

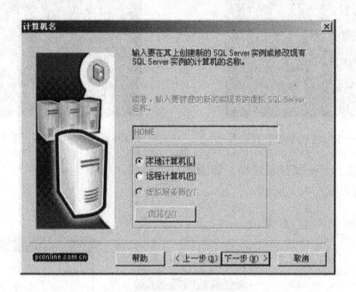

图 5.4.1　安装初始界面

2）安装视频卡驱动。将图形对比光盘放入光盘驱动器，选择自动安装软件即可，如图 5.4.2所示。

如安装不完善，可以在设备管理中进行手动安装，只需找到光盘目录下的视频卡驱动包即可继续安装，如图 5.4.3 所示。

图 5.4.2　视频卡驱动安装界面

图 5.4.3　视频卡驱动包

3）安装一卡通管理中心。完全默认安装即可，如图 5.4.4 所示。

4）安装停车场管理子系统。完全默认安装即可，如图 5.4.5 所示。

图 5.4.4　一卡通管理中心安装界面

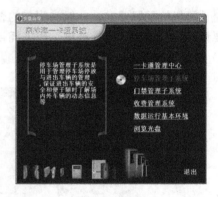

图 5.4.5　停车场管理子系统安装界面

5）运行 SQL Server 服务管理器，如图 5.4.6 所示。

弹出对话框如图 5.4.7 所示。

图 5.4.6　运行 SQL Server 服务管理器

图 5.4.7　运行 SQL Server 服务管理器对话框

单击"开始/继续"使其运行，运行完成后将其关闭。

6）建立数据库。右键"管理中心"桌面图标，选择"属性"，如图5.4.8所示。弹出对话框如图5.4.9所示。

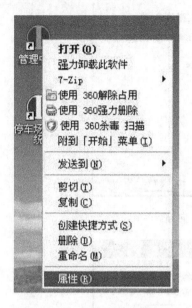 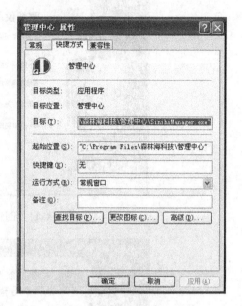

<table>
<tr><td>图5.4.8　右键"管理中心"</td><td>图5.4.9　管理中心属性对话框</td></tr>
</table>

单击"查找目标"弹出界面如图5.4.10所示。

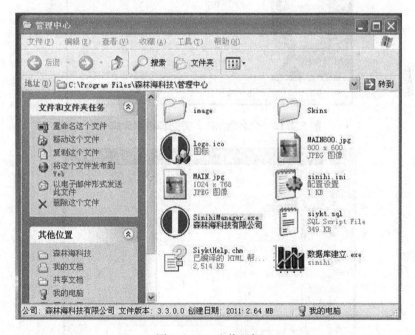

图5.4.10　查找目标

运行"数据库建立.exe"，弹出对话框如图5.4.11所示。

单击"下一步"，如图5.4.12所示。

单击"数据脚本"后的省略号，弹出对话框如图 5.4.13 所示。

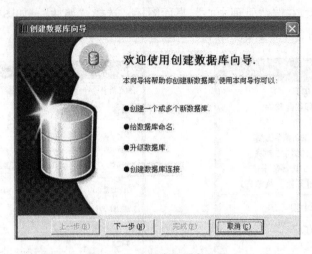

图 5.4.11　创建数据库向导

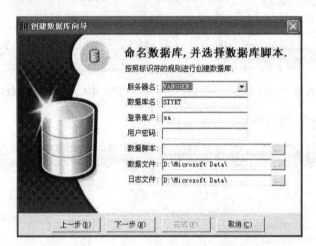

图 5.4.12　命名数据库，并选择数据库脚本

图 5.4.13　选择数据库脚本文件

选择"siykt. sql",单击"打开",单击"下一步",再单击"完成",即可建立数据库,如图5.4.14所示。

图5.4.14 数据库建立完成

双击桌面"停车场管理子系统"图标,弹出对话框如图5.4.15所示,输入数据库名"siykt",单击"连接测试",则可连接成功。

数据库连接成功后,单击"确定"弹出登录界面,初始密码为"sinihi",进入系统进行调试,如图5.4.16所示。

图5.4.15 连接数据库   图5.4.16 进入系统

(二)车位锁软件的安装

如果配了车位锁,还需安装车位锁软件,同时管理中心软件需要增加一个ACCESS数据库文件。另外还需将厂商提供的"sicarlock. mdb"文件复制到管理中心软件的安装目录下

（具体可参照车位锁说明书），如图 5.4.17 所示。

图 5.4.17　"sicarlock. mdb" 文件

（三）软件的使用

硬件的接线可以参照"1 进 1 出模式接线图（近距离）"CAD 图样，将入口机、出口机、IC 卡发卡器的主通信线 M485A、M485B 并到一起接到 RS-485 转 RS-232 转换头后，接到计算机串口，给设备上电。

（1）一卡通管理中心设置　界面如图 5.4.18 所示。

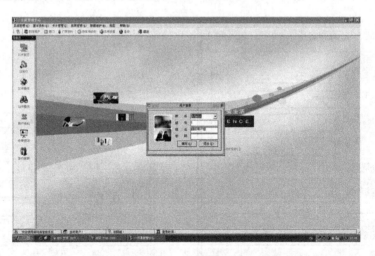

图 5.4.18　进入一卡通管理中心界面

1）初始密码为"sinihi"，进入软件后，选择菜单命令"基本资料"→"用户资料管理"，可根据实际需要增加相关用户资料，如图 5.4.19 所示。

用户基本资料添加完成后，选择菜单命令"基本资料"→"停车场资料"，一般设置入口机号为 1，出口机号为 2，有 IC 卡计费器的话可将其机号设为 3，如图 5.4.20 所示。

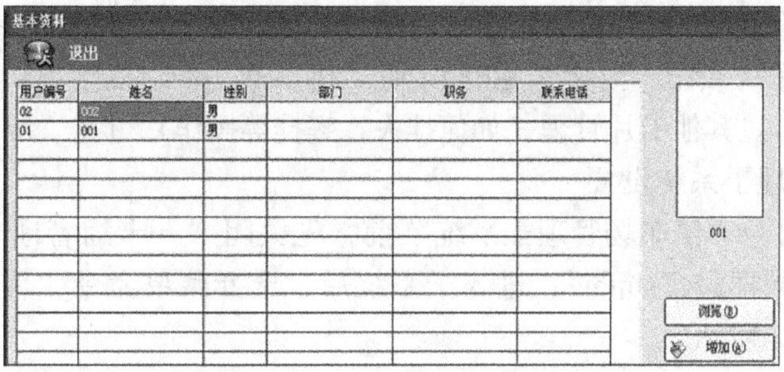

图 5.4.19　增加用户资料

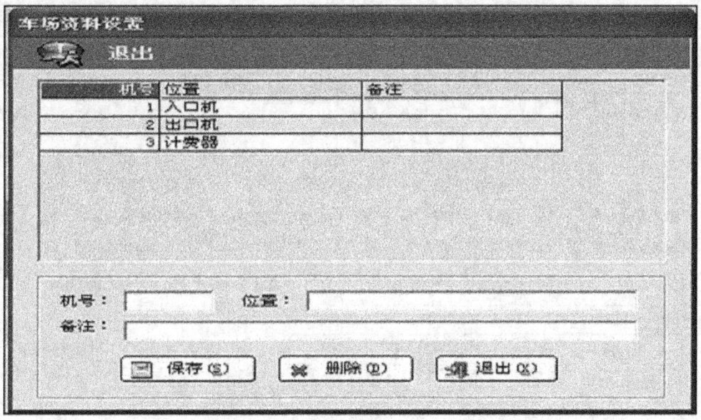

图 5.4.20　车场资料设置

2）基本资料设置完成后，即可进行 IC（ID）卡发行，打开发卡器电源。此处以 IC 卡发行为例，将需要发行的 IC 卡放在 IC 卡发卡器上，选择菜单命令"卡片管理"→"IC 卡发行"，弹出对话框如图 5.4.21 所示。

图 5.4.21　卡片发行

选择"停车场""入口机""出口机""计费器"复选框，本系统车位锁号为 2（可根据实际车位锁号进行选择），单击"发行"按钮听到"滴"的一声后发卡成功，如果卡片比较多，则可以选择批量发卡。其他卡片管理（如何挂失、解挂等操作）可在"帮助"中查找。

（2）停车场管理子系统设置

1）启动桌面图标"停车场管理子系统"前，先关闭"一卡通管理中心"，否则无法同时通信。登录密码同样为"sinihi"，进入子系统后，选择菜单命令"辅助管理"→"系统设置"，如图 5.4.22 所示。

图 5.4.22　系统设置

"系统设置"选项卡里"无图像对比功能"前的复选框不要选中，否则无法进行视频设置。然后根据计算机的实际情况，选择串口号。

"系统设置"选项卡里"有贵宾车功能"前的复选框要选中，否则在出入管理中软件无法实现入口道闸和出口道闸的起落。其他的复选框可以根据实际情况进行选择。

由于在入口和出口处分别设了摄像头，用来进行车辆的抓拍，所以需进行相关设置。根据计算机上实际所插视频卡的型号选择视频卡（本系统中所用视频卡为 2 路 MV110 视频卡）；需要对出口和入口处的 AV 进行"图像数据库名"的设置（可参考数据库建立中所用设置），如图 5.4.23 所示。

"岗位口设置"选项卡如图 5.4.24 所示。

图 5.4.23　图像数据库设置

分别选择入口机和出口机，设置相应的机号；根据视频卡的实际位号选择相应的捕捉卡（本例中出口和入口的视频卡地址分别为 AV1 和 AV3）；本系统中所用的 IC 卡为临时卡，故勾选"临"复选框；单击出口和入口的"通信"按钮，出口机和入口机会发出相应的蜂鸣声，说明通信成功。

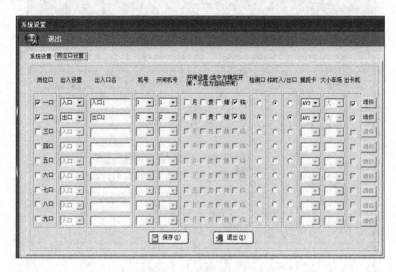

图 5.4.24　岗位口设置

2）选择菜单命令"联机通信"→"读写器设置"，如图 5.4.25 所示。

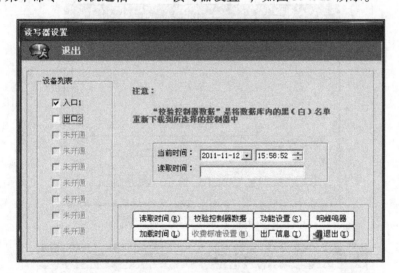

图 5.4.25　读写器设置

分别选择入口和出口的复选框，可进行时间的加载核对等设置，单击"功能设置"根据实际情况进行图 5.4.26 所示设置，设置结束后单击"加载"。出口机设置同入口机。

选择菜单命令"联机通信"→"车位锁集控器"，根据实际车位锁机号，进行车位锁集控器设置，如图 5.4.27 所示。

选择车位锁，将车位锁信息加载到入（出）口机中。

3）选择菜单命令"出入管理"→"视频设置"，一般默认设置即可，可以观察当前的视频状态，此处每个视频卡上有两个通道，视频线一般插到通道 1，这样不用选择通道 2，板卡 0 和 1 分别采集入口和出口的视频，如图 5.4.28 所示。

图 5.4.26　出/入口功能设置

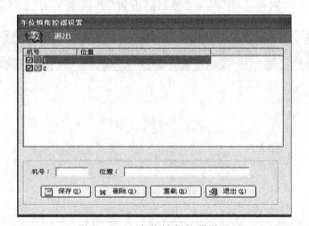

图 5.4.27　车位锁集挖器设置

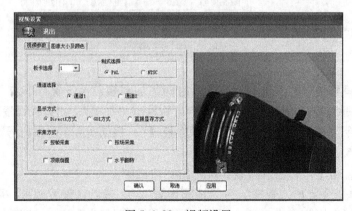

图 5.4.28　视频设置

由于在"系统设置"里选择了"有贵宾车功能"复选框，此处可直接单击入口的"开闸"按钮，弹出图 5.4.29 所示对话框。

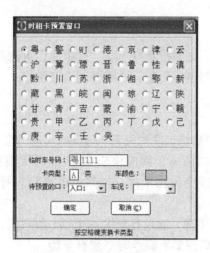

图 5.4.29　时租卡预置窗口

输入临时车牌号，如"粤1111"，单击"确定"即可进行入口的开闸动作。同样，单击出口的"开闸"按钮，输入"粤1111"即可进行出口开闸动作（注意出口开闸输入的车牌号必须和入口的车牌号相同，否则系统会提示所输车辆未入场的提示）。

4）选择菜单命令"报表管理"→"收费查询"，可查看出入车辆被抓拍的图片和车牌等信息。

五、课后思考与练习

1）写出停车场管理软件6个以上的功能。
2）联系实际，思考发行卡片时，哪些项是必选项。

任务五　设备故障的判断与处理

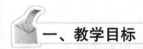
一、教学目标

1）会对故障进行判断与处理。
2）培养现场应变能力。
3）熟悉常见的故障。

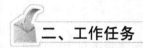
二、工作任务

1）对故障进行排查。
2）对故障进行处理。

三、任务实施

(一) 电源故障

故障现象为设备不工作，电源指示灯不亮。故障原因可能是熔丝烧断，应更换同型号熔丝；也可能是设备短路或电路损坏引起，这需要制造商维修。

(二) 刷IC卡故障

该故障有以下情况：

1）刷卡完全无反应。应确认卡片为完好的Mifare One卡。如确有故障，断电后重新上电，如果听到蜂鸣器连续鸣叫两声，则应检修IC卡读写天线跟PLC板连接有无脱落、断裂，天线附近有无强电磁波或金属物干扰；如果上电自检只听到一声蜂鸣，则应检修PLC板上的读卡模块。

2）刷卡时读写指示灯（R/W）颜色有变化，但无提示信息。发生此现象可能有以下原因：

①没有车辆信号。出入口控制机刷卡时必须有车辆。

②计算机设置使用操作卡而操作员没有刷操作卡。

③卡片没经停车场管理系统制造商初始化，没初始化的卡片不能正常使用。

④出入口控制机内的序列号丢失，需要重新装载。

3）刷卡时提示错误。这是由卡片数据错误引起的，用IC卡授权器重新授权发行卡片或修复数据即可。

(三) 刷ID卡故障

该故障有以下情况：

1）刷卡完全无反应。应确认卡片为完好的ID卡。如确有故障，应检修长距离读卡头。

2）刷卡时有蜂鸣声，但读写指示灯（R/W）颜色不变。可判断读卡头读卡正常，应检查读卡头和PLC板的连接是否正确、可靠。

3）刷卡时读写指示灯（R/W）颜色有变化，但无提示信息。可能有以下原因：

①没有车辆信号。出入口控制机刷卡时必须有车辆。

②计算机设置使用操作卡而操作员没有刷操作卡。

4）刷卡时提示错误。这是因为该ID卡没有授权发行，应通过计算机授权到出入口控制机。

(四) 时间错误

故障现象为时间显示不正确，正确设置时间即可。如果短时间断电时间就跑飞，则是由于里面的电池松动、脱落、失效引起，可重新安放电池或更换同型号电池。

(五) 计费错误

故障现象为开机提示收费标准错误或计费明显错误。这是由机内的收费标准错误引起的。通过计算机正确设置收费标准即可。

(六) 语音故障

故障现象为没有语音提示或发音混乱。语音音量调整不恰当可能导致听不见声音或噪声过大，应正确调整。如果PLC板上的"SOUND"指示灯停止闪烁，则表明PLC板上的语音控制CPU工作不正常，需要制造商维修。

（七）车辆检测器故障

故障现象为检测不到车辆或长期指示有车辆。PLC 自带车辆检测器同道闸自带车辆检测器的原理和设置相同。

（八）出卡机故障

故障现象主要表现为不能出卡。首先应确认车辆信号无误。如出卡机确有故障，请参考出卡机制造商的《用户手册》。出卡机故障的另一种情况为出卡时不能自动读卡。这种情形应检修出卡机上的 IC 卡读写模块和天线。

（九）收卡机故障

故障现象为不能收卡。如车辆信号错误，可把卡片插入收卡机入口，此时收卡机电动机不会转动，卡片不被吸入。如果收卡机吸入卡片后又吐出，可能是因为卡片损坏、卡片数据错误、收卡机上的 IC 卡读卡模块或天线故障等。收卡机本身的故障，请参考收卡机制造商的《用户手册》。

（十）自检错误

故障现象为开机时出入口控制机的 R/W 指示灯不闪烁，设备不工作。可以判断是 PLC 板的主控 CPU 工作不正常导致，需要制造商维修。

（十一）通信错误

故障现象为设备不能与计算机联机通信。

如果 RS-485 总线上的所有设备都不能通信，为总线故障。总线故障有以下几种情况：

1）计算机串口 9 针插座松动。应检查计算机串口的连接是否可靠。

2）计算机软件故障。可以重启计算机或查杀病毒排除软件故障。

3）计算机串口损坏。需要请专业人员维修计算机。

4）RS-485 总线开路或短路。可用万用表测量 RS-485 的 A、B 线之间的阻抗以及 A、B 线与屏蔽层的阻抗，如确属线路问题，应对线路进行检修。

5）RS-485 总线上有某一设备损坏锁死总线。检查这种故障需要将总线上的可疑设备断电后再测试其他设备的通信是否已经恢复，采用逐一排除的方法找到有故障的设备，对其进行检修。

如果 RS-485 总线上其他设备通信正常，只有某一设备故障，则有以下可能：

1）该设备机号与其他设备冲突。需更改机号。

2）该设备通信线连接不可靠或通信接口损坏，应予检修。

四、课后思考与练习

1）刷卡故障有哪几种情况？该如何解决？

2）通信故障有哪几种情况？该如何解决？

项目小结

1）停车场管理系统的功能、结构。

2）停车场管理系统的主要设备：道闸、出/入口控制机、车辆检测器、地感线圈及管理计算机等。

3）道闸的种类：栅栏道闸、直杆道闸和曲臂道闸等。

4）安装直杆道闸的一般步骤。

5）安装出入口控制机的步骤。

6）电动道闸和出入口控制机的连接。

7）系统调试的注意事项。

参考文献

［1］芦乙蓬．视频监控与安防技术［M］.北京：中国劳动社会保障出版社，2012.

［2］殷德军，秦兆海．安全防范技术与电视监控系统［M］.北京：电子工业出版社，1998.

［3］马福军，胡力勤．安全防范系统工程施工［M］.北京：机械工业出版社，2012.

［4］周遐．安防系统工程［M］.北京：机械工业出版社，2011.

［5］韩艳，五喆，韩小玲.网络安防系统安装与维护［M］.北京：高等教育出版社，2012.